中华人民共和国行业标准

家用燃气燃烧器具安装及验收规程

Specification for installation and acceptance of
domestic gas burning appliances

CJJ 12 - 2013

批准部门：中华人民共和国住房和城乡建设部
施行日期：２０１４年２月１日

中国建筑工业出版社

2013　北　京

中华人民共和国行业标准
家用燃气燃烧器具安装及验收规程
Specification for installation and acceptance of
domestic gas burning appliances
CJJ 12 - 2013

*

中国建筑工业出版社出版、发行（北京西郊百万庄）
各地新华书店、建筑书店经销
北京红光制版公司制版
建工社（河北）印刷有限公司印刷

*

开本：850×1168毫米 1/32 印张：2½ 字数：67千字
2014年1月第一版 2025年1月第七次印刷
定价：30.00元
统一书号：15112·44187

版权所有 翻印必究
如有印装质量问题，可寄本社退换
（邮政编码 100037）

本社网址：http://www.cabp.com.cn
网上书店：http://www.china-building.com.cn

中华人民共和国住房和城乡建设部
公 告

第 92 号

住房城乡建设部关于发布行业标准《城镇供热直埋热水管道技术规程》的公告

现批准《家用燃气燃烧器具安装及验收规程》为行业标准，编号为 CJJ 12-2013，自 2014 年 2 月 1 日起实施。其中，第 3.1.2、3.1.5、4.1.2、4.6.16 条为强制性条文，必须严格执行。原《家用燃气燃烧器具安装及验收规程》CJJ 12-99 同时废止。

本规程由我部标准定额研究所组织中国建筑工业出版社出版发行。

中华人民共和国住房和城乡建设部
2013 年 7 月 26 日

前　言

根据住房和城乡建设部《关于印发〈2009年工程建设标准规范制定、修订计划〉的通知》（建标［2009］88号）的要求，规程编制组经广泛调查研究，认真总结实践经验，参考有关国际标准和国外先进标准，并在广泛征求意见的基础上，修订了本规程。

本规程的主要技术内容包括：1 总则；2 术语；3 基本规定；4 燃具及相关设备的安装；5 质量验收。

本次修订的主要内容是：

1. 增加了城镇燃气、燃烧器具、烟气排放、安全监控和建筑设备的基本规定。

2. 增加了安装燃具场所的电气要求。

3. 增加了基本条件检验和燃具安装检验的技术要求和检验方法。

4. 增加了燃具选型原则。

5. 增加了不同海拔高度 H 及低压燃具前的额定压力 P_n。

6. 增加了共用排气道、烟道和给排气烟道的结构尺寸和应用技术条件。

7. 增加了烟道终端排气出口距门窗洞口的最小净距。

8. 增加了燃具安装房间燃气和烟气泄漏的安全指标和保护措施。

本规程中以黑体字标志的条文为强制性条文，必须严格执行。

本规程由住房和城乡建设部负责管理和对强制性条文的解释，由中国市政工程华北设计研究总院负责具体技术内容的解释。执行过程中如有意见或建议，请寄送中国市政工程华北设计研究总院（地址：天津市华苑产业园区桂苑路16号，邮政编码：300384）。

本规程主编单位：中国市政工程华北设计研究总院
本规程参编单位：太原煤炭气化（集团）有限责任公司
广东美的厨卫电器制造有限公司
樱花卫厨（中国）股份有限公司
北京菲斯曼供热技术有限公司
青岛经济技术开发区海尔热水器有限公司
广东万和新电气股份有限公司
广东万家乐燃气具有限公司
艾欧史密斯（中国）热水器有限公司
天津费加罗电子有限公司
重庆燃气集团股份有限公司
本规程主要起草人员：高　勇　李　娟　陈复进　黄国金
李贵军　李　健　钟家淞　胡定钢
鞠　平　赵大力　陈　立　刘　斌
本规程主要审查人员：张　臻　孟学思　杨永慧　元永泰
胡敏辉　白丽萍　周以良　樊金光
耿同敏　李　直　安翠林　楼　英

目 次

1 总则 ··· 1
2 术语 ··· 2
3 基本规定 ·· 4
  3.1 一般规定 ·· 4
  3.2 城镇燃气 ·· 4
  3.3 烟气排放 ·· 4
  3.4 安全监控 ·· 5
  3.5 建筑设备 ·· 5
4 燃具及相关设备的安装 ··· 6
  4.1 一般规定 ·· 6
  4.2 灶具 ··· 7
  4.3 热水器 ·· 8
  4.4 采暖热水炉 ··· 9
  4.5 电气 ··· 10
  4.6 室内给排气设备 ·· 11
  4.7 平衡式隔室 ··· 19
  4.8 安全防火 ·· 20
5 质量验收 ·· 23
附录 A 燃具选型原则 ·· 29
附录 B 不同海拔高度 H 及低压燃具额定压力 P_n ········· 31
附录 C 共用烟道的结构和尺寸 ····································· 32
附录 D 共用给排气烟道的结构和尺寸 ·························· 34
本规程用词说明 ·· 41
引用标准名录 ·· 42
附：条文说明 ·· 43

Contents

1 General Provisions ··· 1
2 Terms ··· 2
3 Basic Requirements ······································· 4
   3.1 General Requirements ································ 4
   3.2 City Gas ··· 4
   3.3 Exhaust Air ·· 4
   3.4 Safety Monitoring ···································· 5
   3.5 Building Facilities ···································· 5
4 Gas Appliance and Related Devices Installation ············· 6
   4.1 General Requirements ································ 6
   4.2 Gas Cooking Appliances ······························ 7
   4.3 Water Heater ·· 8
   4.4 Heating and Hot Water Combi-boilers ·················· 9
   4.5 Electric Requirments ································· 10
   4.6 Indoor ventilation ···································· 11
   4.7 Balanced Compartment ······························ 19
   4.8 Safety and Fireproofing ······························ 20
5 Quality Acceptance ·· 23
Appendix A Principle of Select Gas Appliance ·············· 29
Appendix B The Normal Gas Press (P_n) of Low Press
            Gas Appliances under Various Height
            above Sea Level (H) ························· 31
Appendix C Sizes and Structure of Shared Chimney ········ 32
Appendix D Sizes and Structure of Shared system
            Chimney ···································· 34

Explanation of Wording in This Specification ·················· 41
List of Quoted Standards ·· 42
Addition: Explanation of Provisions ······························ 43

1 总　则

1.0.1 为规范家用燃气燃烧器具（简称燃具）的安装和验收，保证燃具安装工程的质量和用气安全，制定本规程。

1.0.2 本规程适用于住宅中燃气灶具、热水器、采暖热水炉等燃具及其附属设施的安装和验收。

1.0.3 安装的燃具应符合国家现行有关产品标准的规定，且应有产品合格证、安装使用说明书和生产许可证。

1.0.4 燃具应由经考核合格的人员安装。

1.0.5 燃具安装及质量验收除应执行本规程外，尚应符合国家现行有关标准的规定。

2 术　　语

2.0.1 家用燃气燃烧器具　domestic gas burning appliances

以城镇燃气为燃料的家庭烹调、热水和热水采暖等燃烧装置的总称，简称燃具。

2.0.2 给排气方式　air supply and exhaust system

将燃具依据给气或排气进行分类的一种方式。

2.0.3 敞开式（A型）　unvented system

燃具燃烧用的空气来自室内，烟气也排放在室内的给排气方式。

2.0.4 半密闭式（B型）　vented system

燃具燃烧用的空气来自室内，烟气通过排气管排到室外的给排气方式。分自然排气式和强制排气式两种。

2.0.5 密闭式（C型）　direct vented system

燃具燃烧用的空气通过给气管来自室外，烟气通过排气管排到室外，整个燃烧系统与室内隔开的给排气方式。分自然给排气式和强制给排气式两种。

2.0.6 自然排气式　natural exhaust type natural draught flue type

烟气通过排气管或给排气管依靠自然通风排到室外的方式。

2.0.7 强制排气式　forced exhaust type fanned draught flue type

烟气通过排气管或给排气管依靠风机排到室外的方式。

2.0.8 平衡式隔室　balanced compartment

专门设计或改造安装一台或多台半密闭自然排气式燃具的封闭隔室（非居住空间），燃烧用空气来自隔室外。

2.0.9 排气道　exhaust duct

用排烟罩强制排气方式排除敞开式燃具工作时排放在环境中的烟气、油气等废气的排气通道系统。

2.0.10 烟道 flue

用以排除半密闭式燃具燃烧烟气的排烟通道系统。按排烟形式分独立烟道（适用1台燃具）和共用烟道（适用2台及以上燃具）两种。

按烟道的结构形式又分为水平烟道和垂直烟道。

与燃具同步安装的一般称为排气筒或排气管，与建筑物同步安装的一般称为烟囱或烟道。

2.0.11 主、支并列型烟道 shared chimney for gas fires

主、支烟道并列，支烟道为层高，主烟道上部处于非正压区。共用烟道的一种。

2.0.12 给排气烟道 supply and exhaust duct

用以供给燃烧空气和排出燃烧烟气的密闭式燃具专用的给排气通道，分独立给排气烟道（适用1台燃具）和共用给排气烟道（适用多台燃具）两种。

2.0.13 倒 T 形烟道 type "⊥" duct

给气道在垂直排气道下端横穿建筑物并呈水平设置。共用给排气烟道的一种。

2.0.14 U 形烟道 type "U" duct

给气道与排气道下端连通，其上部处于风压平衡状态。共用给排气烟道的一种。

2.0.15 分离型烟道 separate duct

给气道与排气道的分离形式分为同轴型和并列型；给气道与排气道下端连通的为负压烟道，不连通的为正压烟道。其上部处于风压平衡状态。共用给排气烟道的一种。

3 基本规定

3.1 一般规定

3.1.1 燃具及其配套使用的给排气装置和安全监控装置等,应根据燃气类别及特性、安装条件等因素选择。

3.1.2 燃具铭牌上标定的燃气类别必须与安装处所供应的燃气类别相一致。

3.1.3 燃具节能和节水性能应符合国家现行有关标准的规定。燃具选型原则宜按本规程附录 A 的规定执行。

3.1.4 安装燃具的建筑应具有符合燃具使用要求的给水、排水、供暖、供电和供燃气系统。

3.1.5 住宅中应预留燃具的安装位置,并应设置专用烟道或在外墙上留有通往室外的孔洞。

3.2 城镇燃气

3.2.1 城镇燃气的类别和特性应符合现行国家标准《城镇燃气分类和基本特性》GB/T 13611 的规定。城镇燃气质量应符合现行国家标准《城镇燃气设计规范》GB 50028 的规定。

3.2.2 燃具前供气压力的波动范围应在（0.75～1.5）倍燃具额定压力 P_n 之内；当海拔高度大于 500m 时，燃具额定压力 P_n 宜符合本规程附录 B 的规定。

3.3 烟气排放

3.3.1 安装敞开式燃具时,室内容积热负荷指标超过 $207W/m^3$ 时应设置换气扇、吸油烟机等强制排气装置。

有直通洞口的毗邻房间的容积也可一并作为室内容积计算。

3.3.2 安装半密闭式燃具时,应采用具有防倒烟、防串烟和防漏烟结构的烟道排烟。

3.3.3 安装密闭式燃具时，应采用给排气管排烟。

3.3.4 燃烧所产生的烟气应排至室外，不得排入封闭的建筑物走廊、阳台等部位。

3.4 安全监控

3.4.1 城镇燃气/烟气（一氧化碳）浓度检测报警器和紧急切断阀的设置应符合现行国家标准《城镇燃气设计规范》GB 50028 的规定。

3.4.2 城镇燃气报警控制系统安装、验收和维护等应符合现行行业标准《城镇燃气报警控制系统技术规程》CJJ/T 146 的规定。

3.4.3 家用燃气报警器及传感器应符合现行行业标准《家用燃气报警器及传感器》CJ/T 347 的规定。紧急切断阀应符合现行行业标准《电磁式燃气紧急切断阀》CJ/T 394 的规定。

3.5 建筑设备

3.5.1 建筑给水排水系统、热水供应系统、采暖系统和供电系统的设置应符合国家现行标准《建筑给水排水设计规范》GB 50015、《民用建筑供暖通风与空气调节设计规范》GB 50736、《建筑给水排水及采暖工程施工质量验收规范》GB 50242 和《民用建筑电气设计规范》JGJ 16 等标准的规定。

3.5.2 室内燃气系统的设置应符合国家现行标准《城镇燃气设计规范》GB 50028 和《城镇燃气室内工程施工与质量验收规范》CJJ 94 的规定。

4 燃具及相关设备的安装

4.1 一般规定

4.1.1 燃具不应设置在卧室内。燃具应安装在通风良好，有给排气条件的厨房或非居住房间内。

4.1.2 使用液化石油气的燃具不应设置在地下室和半地下室。使用人工煤气、天然气的燃具不应设置在地下室，当燃具设置在半地下室或地上密闭房间时，应设置机械通风、燃气/烟气（一氧化碳）浓度检测报警等安全设施。

4.1.3 燃具的供水压力和供电技术参数应符合燃具说明书的规定。

4.1.4 燃具及相关设备应分别具备下列技术文件：

   1 供安装人员使用的安装说明书。

   2 供用户使用的使用说明书。

   3 燃具及说明书应有防止误使用、误操作的安全警示。

4.1.5 燃具安装说明书至少应具备下列技术参数：

   1 燃气种类和额定压力；

   2 额定热负荷或额定热输出；

   3 生活热水产水能力和系统适用水压（灶具和单采暖系统除外）；

   4 采暖热水炉采暖系统的最高工作压力和循环流量；

   5 采暖热水炉的循环水泵流量阻力工作曲线（水流阻力曲线）；

   6 启动水压（灶具和容积式热水器除外）；

   7 采暖热水炉膨胀水箱容量；

   8 燃具使用电源的电压、频率、功率和燃具的防触电保护等级；

9 燃气接管管径及连接方式、冷热水进出水管径、采暖供水和回水管径、排气管或给排气管尺寸及最大连接长度；

10 重量和外形尺寸等。

4.2 灶 具

4.2.1 设置灶具的房间除应符合本规程第 4.1.1 条的规定外尚应符合下列要求：

1 设置灶具的厨房应设门并与卧室、起居室等隔开。

2 设置灶具的房间净高不应低于 2.2m。

4.2.2 灶具的安装位置应符合下列要求：

1 灶具与墙面的净距不应小于 10cm。

2 灶具的灶面边缘和烤箱的侧壁距木质门、窗、家具的水平净距不得小于 20cm，与高位安装的燃气表的水平净距不得小于 30cm。

3 灶具的灶面边缘和烤箱侧壁距金属燃气管道的水平净距不应小于 30cm，距不锈钢波纹软管（含其他覆塑的金属管）和铝塑复合管的水平净距不应小于 50cm。

4 采取有效的措施后可适当减小净距。

5 灶具与其他部位的间距可按本规程第 4.8 节的规定执行。

4.2.3 放置灶具的灶台应采用不燃材料；当采用难燃材料时，应设防火隔热板。与燃具相邻的墙面应采用不燃材料，当为可燃或难燃材料时，应设防火隔热板。

4.2.4 燃气灶台的结构尺寸应便于操作，并应符合下列要求：

1 台式燃气灶的灶台高度宜为 70cm，嵌入式燃气灶的灶台高度宜为 80cm。

2 嵌入式燃气灶的灶台应符合说明书要求，灶面与台面应平稳贴合，其连接处应做好防水密封。

3 嵌入式灶灶台下面的橱柜应开设通气孔，通气孔的总面积应根据灶具的热负荷确定，宜按每千瓦热负荷取 $10cm^2$ 计算（$10cm^2/kW$），且不得小于 $80cm^2$。

4.2.5 当2台或2台以上的灶具并列安装时，灶与灶之间的水平净距不应小于50cm。

4.2.6 灶具与燃气管的连接应符合下列要求：

　1 灶具前的供气支管末端应设专用手动快速式切断阀，切断阀处的供气支管应采用管卡固定在墙上。切断阀及灶具连接用软管的位置应低于灶具灶面3cm以上。

　2 软管宜采用螺纹连接。

　3 当金属软管采用插入式连接时，应有可靠的防脱落措施。

　4 当橡胶软管采用插入式连接时，插入式橡胶软管的内径尺寸应与防脱接头的类型和尺寸匹配，并应有可靠的防脱落措施。

　5 当采用橡胶软管连接时，其长度不得超过2m，并不得有接头，不得穿墙。橡胶软管连接时不得使用三通。

　6 燃具连接用软管的设计使用年限不宜低于燃具的判废年限，燃具的判废年限应符合现行国家标准《家用燃气燃烧器具安全管理规则》GB 17905 的规定。对不符合要求的燃具连接用软管应及时更换。

　7 灶具与燃气连接管安装后，应检验严密性，在工作压力下应无泄漏。

4.3 热 水 器

4.3.1 设置热水器的房间除应符合本规程第4.1.1条或第4.7节的规定外，尚应符合下列要求：

　1 设置在室外或未封闭的阳台时，应选用室外型热水器；室外型热水器的排气筒不得穿过室内。

　2 有外墙的卫生间，可安装密闭式热水器。

　3 安装热水器的房间净高不应低于2.2m。

　4 热水器应安装在方便操作、检修、观察火焰且不易被碰撞的地方。

　5 安装热水器的墙面或地面应能承受所安装热水器的荷重。

6 设置容积式热水器的地面应做防水层，近处应设地漏；地漏及连接的排水管道应能承受90℃的热水。

4.3.2 热水器的安装位置应符合下列要求：

1 热水器与相邻灶具的水平净距不得小于30cm。热水器与其他部位的防火间距可按本规程第4.8节的规定执行。

2 热水器的上部不应有明敷的电线、电器设备及易燃物，下部不应设置灶具等燃具。

4.3.3 安装热水器的地面和墙面应为不燃材料，当地面和墙面为可燃或难燃材料时，应设防火隔热板。

4.3.4 燃气管道和冷热水管道的安装应符合下列要求：

1 燃气管道和冷热水管道的安装应按说明书的要求进行。

2 燃气管道和冷热水管道的公称尺寸和公称压力应符合设计规定。

3 热水器因超压和放空等原因设置的排水口应设导管引至排水处。

4 管道连接应牢固。

5 热水管宜采取保温措施。

6 与热水器连接的燃气管道上应设手动快速式切断阀。

7 热水器与燃气管道的连接宜采用金属管道。采用软管连接时应符合本规程第4.2.6条的规定。

8 与热水器连接的给水管道上应设阀门，热水器进水口应设过滤网。容积式热水器的给水管道上阀门后应设止回阀，容积式热水器的上部给水管道的浸没管配有防虹吸孔时，阀门后宜设止回阀。

4.4 采暖热水炉

4.4.1 设置采暖热水炉的房间应符合本规程第4.3.1条的规定。卫生间内不得设置采暖热水炉。

4.4.2 采暖热水炉的安装位置应按本规程第4.3.2条的规定执行。

4.4.3 设置采暖热水炉的地面和墙面应按本规程第4.3.3条的规定执行。

4.4.4 燃气管道、冷热水管道和供回水管道的安装除应符合本规程第4.3.4条的规定外，还应符合下列要求：

　　1 管道流量和阻力损失应符合设计要求。

　　2 采暖热水炉泄压口、溢水口等部位下方应有排水设施；排水过热时，应采取有效的降温措施；炉体排水连接管上不得设置阀门。

　　3 供暖系统最低部位应设排水阀（地板采暖除外），密闭式采暖系统的最高部位和散热器上部应设排气阀；系统中至少应设置一个自动排气阀。

　　4 供暖系统回水管上应安装过滤器（网）。

　　5 炉体采暖供回水管道、给水和燃气管道上应设阀门。

　　6 采暖水系统的注水压力不应小于0.1MPa。

　　7 安装场所的地面最低点应设地漏。

4.4.5 敞开式采暖系统的膨胀管上严禁设置阀门。

4.4.6 采暖热水炉宜设置室内温度控制器（温控器），控制器安装场所应符合下列要求：

　　1 安装在室内温度稳定的区域。可安装在距离地面（1.2～1.5）m的空气流通良好的墙壁上，或将无线型控制器信号输出盒设置在室内温度稳定的区域内。

　　2 不应安装在门窗附近和散热器、太阳光直射等辐射热较强的地方，以及儿童可能触及的地方。

4.5 电　　气

4.5.1 安装燃具的场所应具备与待装燃具铭牌标示参数相符合的电源，其电压、频率和功率应满足要求。

　　电源插座结构应与待装燃具电源插头相匹配，连接插座电源线时必须注意电源线的极性。

　　使用交流电的Ⅰ类器具，应可靠接地。

4.5.2 电源线的截面积应满足燃具电气最大功率的需要，并应符合说明书的规定。

4.5.3 燃具电源插座应独立专用，并应固定在不会产生触电危险的安全位置。电源插座与灶具的最小水平净距应为30cm，与热水器和采暖热水炉的最小水平净距应为15cm。

4.5.4 卫生间内密闭式热水器应设置防水型电源插座。

4.6 室内给排气设备

4.6.1 室内燃具自然换气装置应符合表4.6.1的规定。

表4.6.1 室内燃具自然换气装置

排气装置 要求	排气筒 (接外墙排烟口)	烟道（排气筒） (接燃具排烟口)	带排烟罩的排气筒	
			Ⅰ型排烟罩	Ⅱ型排烟罩
最小排气量 (m^3/h)	$40VQ$	$2VQ$	$30VQ$	$20VQ$
有效面积 (m^2)	$A_1 = \dfrac{40VQ}{3600} \times \sqrt{\dfrac{3+5n_1+0.2l_1}{h_1}}$	$A_2 = \dfrac{2VQ}{3600} \times \sqrt{\dfrac{0.5+0.4n_2+0.1l_2}{h_2}}$	$A_3 = \dfrac{30VQ}{3600} \times \sqrt{\dfrac{2+4n_3+0.2l_3}{h_3}}$	$A_4 = \dfrac{20VQ}{3600} \times \sqrt{\dfrac{2+4n_3+0.2l_3}{h_3}}$
排气口位置	顶棚下80cm以内	适当位置	适当位置	适当位置
给气口 位置	顶棚高度1/2以下	适当位置	顶棚高度1/2以下	顶棚高度1/2以下
给气口 有效面积	A_1	A_2	A_3	A_4

注：V——每单位燃气（1 kW·h）燃烧后产生的理论烟气量（m^3），取$1m^3$/(kW·h)（低热值）；

　　Q——燃具热负荷（kW）（低热值）；

　n_1、l_1、h_1——排气筒转弯次数；从排气筒入口中心到风帽高度1/2处的长度(m)；排气筒室外垂直部分高度(m)；

　n_2、l_2、h_2——烟道转弯次数；从防倒风罩开口部位下端到风帽高度1/2处的长度(m)；烟道高度(m)，h_2适用于$l_2 \leq 8m$；

　n_3、l_3、h_3——排气筒转弯次数；从排烟罩下端到风帽高度1/2处的长度(m)；从排烟罩下端到风帽高度1/2处的高度(m)；

Ⅰ型排烟罩——能完全覆盖火源的排烟罩；

Ⅱ型排烟罩——能覆盖火源周围部分的排烟罩。

4.6.2 室内燃具机械换气装置应符合表4.6.2的规定。

表4.6.2 室内燃具机械换气装置

要求	排气装置	排气扇（装外墙排烟口）	带排气扇的排气筒（接燃具排烟口）	带排气扇的排烟罩（接排气道）	
				Ⅰ型排烟罩	Ⅱ型排烟罩
最小排气量 (m³/h)		40VQ	2VQ	30VQ	20VQ
有效面积（m²）		—	—	—	—
排气口位置		顶棚下80cm以内	适当位置	适当位置	适当位置
给气口	位置	适当位置	适当位置	适当位置	适当位置
	有效面积				

注：1 文字符号同表4.6.1注；
　　2 排气筒、给气口等的有效面积可根据机械换气装置的能力设计。

4.6.3 排烟罩及其安装应符合下列要求：

1 Ⅰ型排烟罩的结构应完全覆盖火源，并做成利于捕集烟气的形状。Ⅰ型排烟罩的安装高度应小于1m。

2 Ⅱ型排烟罩的结构应覆盖火源的周围部分。Ⅱ型排烟罩的安装高度应小于1m。

4.6.4 固定式百叶窗应符合下列要求：

1 百叶窗最小间隙应大于8mm，安装的防虫网应便于清扫。

2 百叶窗的有效开口面积应按下式计算：

$$A_e = \alpha \cdot A_n \quad (4.6.4)$$

式中：A_e——百叶窗的有效开口面积（cm²）；

　　　α——百叶窗的开口率，可按表4.6.4取值；

　　　A_n——百叶窗的实际面积（cm²）。

表4.6.4 百叶窗开口率

百叶窗种类	开口率α（%）
钢制百叶窗、塑料百叶窗	50
木制百叶窗	40

4.6.5 门、窗间隙可作为部分给气口面积，门、窗间隙的有效面积可按表4.6.5的规定取值。

表4.6.5 门、窗间隙的有效面积

门、窗种类	每1m长门窗间隙的有效面积（cm²）	门、窗种类	每1m长门窗间隙的有效面积（cm²）
铝制门、窗	2	木制窗	5
钢制门、窗	10	木制门	20

注：窗不包括隔离窗、双层窗、镶嵌窗。门不包括周围带密封材料的门。

4.6.6 室内装有排气扇等机械换气装置时，可不限制给气口的位置和大小。

4.6.7 室内直排式燃具排气扇的排气量宜符合本规程表4.6.2的规定。通过外墙水平排放时，排气扇的风压不应小于80Pa（静压）。

4.6.8 室内吸油烟机与住宅共用排气道连接时，排气系统应符合下列要求：

1 吸油烟机的风量应取（300～500）m³/h；与吸油烟机配套燃具的额定热负荷要求的排气量应符合本规程表4.6.2的规定；燃具安装房间环境空气中的CO含量不应大于0.02%，CO_2含量不应大于2.5%。

2 吸油烟机的风压不应小于排气系统总阻力的1.2倍。排气系统的总阻力应采用排气道说明书的规定值。

3 灶具的同时工作系数可按现行国家标准《城镇燃气设计规范》GB 50028的规定取值。

4 吸油烟机的质量应符合现行国家标准《吸油烟机》GB/T 17713的规定。

5 排气道的材料及质量（强度及耐火极限等）应符合现行行业标准《住宅厨房、卫生间排气道》JG/T 194的规定；排气道应有足够的排气能力，排气道的结构应有良好的防倒烟和串烟的功能，排气道的结构和横截面尺寸应符合相关标准的规定。

4.6.9 燃具用排气管和给排气管的质量应符合现行行业标准《燃烧器具用不锈钢排气管》CJ/T 198 和《燃烧器具用不锈钢给排气管》CJ/T 199 等标准的规定，其连接方式应符合下列要求：

1 排气管和给排气管的吸气/排烟口应直接与大气相通。

2 强制排气的排气管和给排气管的同轴管水平穿过外墙排放时，应坡向外墙，坡度应大于 0.3%，其外部管段的有效长度不应少于 50mm；给排气管的分体管应安装在边长为 500mm 正方形的区域内。自然排气的排气管水平穿过外墙时，应有 1% 坡向燃具的坡度，并应有防倒烟装置。

3 冷凝式燃具的排气管应坡向燃具，其同轴给排气管应符合下列要求之一：

　　1）室内部分应坡向燃具，室外部分应坡向室外。

　　2）同轴管的内管（排气管）应坡向燃具，冷凝水流向燃具；同轴管的外管（给气管）应坡向外墙，应防止雨水进入。

4 燃具与排气管和给排气管连接时应保证良好的气密性，搭接长度不应小于 30mm。

5 穿墙的排气管和给排气管与墙的间隙处应采用耐热保温材料填充，并用密封件做密封防水处理。

4.6.10 穿外墙的烟道终端排气出口距门窗洞口的最小净距应符合表 4.6.10 的规定。距地面的垂直净距不得小于 0.3m。烟道终端排气出口应设置在烟气容易扩散的部位。

表 4.6.10 烟道终端排气出口距门窗洞口的最小净距 (m)

门窗洞口位置	密闭式燃具		半密闭式燃具	
	自然排烟	强制排烟	自然排烟	强制排烟
非居住房间	0.6	0.3	不允许	0.3
居住房间	1.5	1.2	不允许	1.2
下部机械进风口	1.2	0.9	不允许	0.9

注：下部机械进风口与上部燃具排气口水平净距大于或等于3m时，其垂直距离不限。

4.6.11 安装半密闭自然排气式燃具的室内应设置给气口和换气口，给气口和换气口的横截面积均应大于烟道的横截面积。给气口应设在房间下部，换气口应设在房间上部（烟道上部），给气口和换气口均应直通大气。

4.6.12 半密闭自然排气式燃具烟道安装时应根据建筑物的特点充分考虑静风压对排烟的影响。半密闭自然排气式燃具烟道应符合下列要求：

1 烟道应有效地排除烟气，其尺寸应大于燃具连接部位的尺寸。

2 当烟道总长 $L<8m$ 时，烟道的高度应满足下列计算值。

$$H > \frac{0.5+0.4n+0.1L}{\left(\frac{1000A_V}{6\phi \times 0.9458}\right)^2} \quad (4.6.12\text{-}1)$$

$$L = H + l \quad (4.6.12\text{-}2)$$

式中：H——烟道高度（m）；

n——烟道上的弯头数目；

L——从防倒风罩开口下端到烟道风帽高度 1/2 处的烟道总长度（m）；

l——已知烟道水平部分长度（m）；

A_V——烟道的有效截面积（cm^2）；

ϕ——燃具热负荷（W）。

3 烟道水平部分的长度应小于 5m，水平前端不得朝下倾斜，并应有坡向燃具的坡度。

4 烟道的弯头宜为 90°，弯头总数不应多于 4 个。

5 烟道的高度宜小于 10m。

6 防倒风罩以上的烟道室内垂直部分不得小于 30cm。

7 烟道顶端应安装有效的防风、雨、雪的风帽。其出口位置应符合本规程第 4.6.13 条的规定。

4.6.13 半密闭自然排气式燃具烟囱风帽与屋顶和屋檐间的相互位置应符合下列要求：

1 烟囱伸出屋顶到风帽间的垂直高度应大于0.6m。

2 当烟囱水平方向1m范围内有建筑物屋檐时，烟囱应高出该建筑物屋檐0.6m以上。

3 当邻近有建筑物时，烟囱风帽应高出沿高层建筑物45°的阴影线（阴斜线内为正压区）。

4.6.14 独立烟道的结构和性能应符合下列要求：

1 低层住宅（1层～3层）和多层建筑（4层～6层）宜设独立烟道。

2 独立烟道应有防止倒烟的措施。

3 烟道的抽力（余压）应符合本规程第4.6.17条的规定要求。

4.6.15 主、支并列型共用烟道（图C.0.1）应符合下列要求：

1 支烟道的高度宜为层高，并应大于2.0m，其净截面积不应小于燃具排烟口截面积，并不得小于$0.015m^2$；主烟道出口距支烟道入口不应小于6m，主烟道的净截面积应在满足烟道抽力的前提下通过计算确定。

2 支烟道出口与主烟道交汇处应设烟气导向装置；当同层有2台燃具时，应分别设置支烟道和烟气导向装置，其出口高差应大于0.25m。

3 半密闭自然排气式燃具可使用主、支并列型共用烟道，半密闭强制排气式燃具不得使用主、支并列型共用烟道；共用烟道的结构和横截面积应符合本规程附录C的规定。

4.6.16 在燃具停用时，主、支并列型共用烟道的支烟道口处静压值应小于零（负压）。

4.6.17 燃具用烟囱的抽力应符合下列要求：

1 当热负荷小于30kW时，烟囱抽力应大于排烟系统总阻力3Pa；

2 当热负荷大于等于30kW时，烟囱抽力应大于排烟系统总阻力10Pa。

4.6.18 烟囱抽力和出口横截面积可按下列公式计算：

$$\Delta P_\mathrm{y} = 0.0345 H \left(\frac{1}{273+t_\mathrm{k}} - \frac{1}{273+t_\mathrm{y}} \right) P \quad (4.6.18\text{-}1)$$

$$A_\mathrm{y} = \frac{V_\mathrm{y}}{\upsilon_\mathrm{y} \cdot 3600} \quad (4.6.18\text{-}2)$$

式中：ΔP_y——烟道、烟囱或连接管垂直管段的抽力（Pa）；

　　　H——产生抽力管段的高度（m）；

　　　t_k——外部空气的温度（℃）；

　　　t_y——管道中烟气的平均温度（℃）；

　　　P——大气压力（Pa）；

　　　A_y——烟囱出口横截面积（m²）；

　　　V_y——烟囱出口烟气流量（m³/h），烟气流量可依据本规程表4.6.1和表4.6.2中的最小排气量确定；

　　　υ_y——烟囱出口烟气流速（m/s），当自然排烟时取(3～5)m/s，机械排烟时取(6～8)m/s。

4.6.19 燃具不应与使用固体燃料的设备共用一个烟道。

4.6.20 密闭式燃具可使用倒T形、U形、分离型等共用给排气烟道。共用给排气烟道的结构尺寸应符合本规程附录D的规定，结构和性能应符合下列要求：

1 倒T形烟道（图D.0.1-1）应符合下列要求：

1）设置贯穿建筑物的垂直烟道，烟道应在屋顶上方排烟。

2）设置贯穿建筑物的水平给气道或设置中和压力区的单独空气进口。建筑物下面中和压力区的烟道基座应有防止碎石落入下面区域的可拆卸格栅，烟道基座和格栅应标识烟道用途。

3）烟道横截面积可按本规程表D.0.2-1和表D.0.2-2的规定执行。

2 U形烟道（图D.0.1-2）应符合下列要求：

1）U形烟道两侧的通道，应建成贯穿建筑物的垂直烟道，烟道应在屋顶上方排烟。

2）燃烧用空气应由建筑物顶部通过靠近烟道并在底部与

其连通的垂直烟道提供。
3）U形烟道横截面积应是倒T形烟道横截面积的1.25倍。
4）当烟道横截面为矩形时，长度不得大于宽度的1倍。
3 分离型烟道（图D.0.1-3和图D.0.1-4）应符合下列要求：
1）设置贯穿建筑物的分离式烟道应在屋顶上方排烟并吸入燃烧用空气。同轴型烟道的结构见本规程图D.0.1-3，并列型烟道的结构见本规程图D.0.1-4。
2）安装冷凝式燃具的烟道下端应设置冷凝液排除装置，见本规程图D.0.1-3中A1和A2。
3）给排气下端不连通的烟道（正压烟道，见本规程图D.0.1-3中A2）不应安装自然给排气式燃具，安装强制给排气式燃具的烟道上应安装止回排气阀。
4）强制给排气式燃具不应与其他任何器具背对背安装。
5）同轴型烟道给排气管的横截面积可按本规程表D.0.2-3和表D.0.2-4的规定执行。
4 屋顶烟道端口应符合下列规定：
1）烟道出口应高出屋顶25cm。
2）烟道出口距外墙或女儿墙等构筑物不应小于1.5m，当小于1.5m时，其出口应高出外墙或女儿墙。烟道出口应避开正压区。
5 建筑物顶层燃具空气进口处烟道（U形和倒T形烟道）中CO_2最大浓度应为1.5%（按天然气计算，分离型烟道除外）。

4.6.21 密闭式燃具与共用给排气烟道的连接应符合下列要求：

1 燃具应按说明书规定安装，密闭式燃具的给排气口不得反向与烟道连接（给排气口不得接反）。

2 燃具与烟道连接后，空气进口和烟道插口与烟道壁之间的间隙应密封。

3 共用给排气烟道不应与使用液化石油气的密闭式燃具连接。

4.6.22 冷凝式燃具的烟道系统应符合下列要求：

1 烟道系统的类型应为强制排气式或强制给排气式。

2 烟道风帽距墙壁和门、窗洞口的距离应能防止烟气中的水蒸气对周围环境的危害。

3 烟道系统的材料应能适应弱酸性的冷凝液。

4 烟道系统应有收集和处理冷凝液的措施；未经稀释或处理的冷凝液不得直接排入建筑物的下水道（耐腐蚀的非金属系统下水道除外）。

4.6.23 高海拔地区安装的排气系统的最大排气能力，应按在海平面使用时的额定热负荷确定，高海拔地区安装的排气系统的最小排气能力，应按实际热负荷（海拔的减小额定值）确定。

4.7 平衡式隔室

4.7.1 当半密闭自然排气式燃具安装部位临近较高建筑或用气建筑较高造成烟道过长无法安装时，或用户需要的燃具热负荷大于 35kW 时，可设置平衡式隔室，并将半密闭自然排气式燃具安装在平衡式隔室内。

4.7.2 平衡式隔室（图 4.7.2）的设计应符合下列要求：

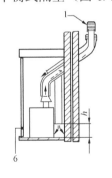
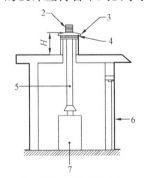

(a) 相邻端口低位供给空气　　(b) 屋顶端口高位供给空气

图 4.7.2 平衡式隔室示意图
1—相邻端口；2—屋顶端口；3—防风雨罩；4—防鸟丝网；5—保温烟道；
6—自闭门；7—半密闭自然排气式燃具

1 烟道和通风道的布置应保证燃烧产物的有效排除。

2 燃烧用空气的供给管道应由烟囱风帽相邻点向下引入，

空气进气管的位置应设在烟道出口下方不大于 150mm 处。空气进气管的横截面积应符合下列要求：
- 1）相邻端口低位供给空气时，空气进气管的横截面积可取半密闭自然排气式燃具排气管面积的 1.5 倍。助燃空气管出口距燃具底面的高度 h 宜取 300mm。
- 2）屋顶端口高位供给空气时，空气进气管的横截面积可取半密闭自然排气式燃具排气管面积的 2.5 倍，防鸟丝网处进风口的有效横截面积应与空气进气管横截面积相等。防风雨罩距屋顶的高度 H 宜取 600mm。
- 3）除供给空气的端口外，平衡式隔室不得有其他通风孔。

4.7.3 平衡式隔室的自闭门应符合下列要求：

1 平衡式隔室应有一个紧嵌在框架内并装有密封条的自闭式齐平门。隔室门不得通向有浴盆或淋浴器的房间；

2 密封门上或检修盖上应贴有标明门应保持密封的标志；

3 隔室门应装有起电隔离作用的联动开关，当隔室门打开时，燃具应自动停机。

4.7.4 平衡式隔室设备保温应符合下列要求：

1 设置在平衡式隔室内的烟道管和任何暴露的热水管或空气管均应保温；

2 烟道可采用符合保温要求的双壁烟道管或预制保温金属烟囱；

3 热水管的保温材料厚度不应小于 20mm，且导热系数不应大于 0.045W/(m·K)。

4.7.5 平衡式隔室给排气口距门窗洞口的距离应符合本规程第 4.6.10 条规定，距可燃材料、难燃材料的距离应符合本规程第 4.8.4 条的规定。

4.8 安 全 防 火

4.8.1 常用燃具与可燃材料、难燃材料装修的建筑物部位的最小距离宜符合表 4.8.1 的规定。

表 4.8.1 常用燃具与可燃材料、难燃材料装修的
建筑物部位的最小距离（mm）

燃具种类		间隔距离			
		上方	侧方	后方	前方
敞开式	双眼灶、单眼灶	1000 (800)	200 (0)	200 (0)	200 (0)
	内藏燃烧器（间接烤箱等）	500 (300)	45	45	45
半密闭式	热负荷 12kW 以下的热水器/采暖热水炉	—	45	45	45
	热负荷（12～70）kW 的热水器/采暖热水炉	—	150	150	150
密闭式	热水器/采暖热水炉	45	45	45	45
室外式	无烟罩自然排气式热水器/采暖热水炉	600 (300)	150 (45)	150 (45)	150
	有烟罩自然排气式热水器/采暖热水炉	150 (100)	150 (45)	150 (45)	150
	强制排气式热水器/采暖热水炉	150 (45)	150 (45)	150 (45)	150 (45)

注：间隔距离栏中，括弧内数值为带金属防热板时的燃具与建筑物间的距离。

4.8.2 家用燃气灶具与上方吸油烟机除油装置及其他部位的距离宜按表 4.8.2 的规定执行，家用燃气灶具与侧吸式吸油烟机除油装置的距离可按本规程第 4.8.1 条的规定执行。

表 4.8.2 家用燃气灶具与吸油烟机除油装置及其他部位的距离（mm）

灶具种类 \ 除油装置及其他部位	吸油烟机风扇[②] 油过滤器	其他部位 （如吊柜[④]）
家用燃气烹调灶具	800 以上	1000 以上
带油过热保护的灶具[①]	600 以上[③]	800 以上

注：①带油过热保护，并经防火性能认证的灶具；
②风量小于 15m³/min（900m³/h）；
③限每户独立使用，且通过外墙直接排到室外的排油烟管；
④吸油烟机设置在吊柜下部的预留空间内。

4.8.3 排气筒、排气管、给排气管与可燃材料、难燃材料装修的建筑物的安装距离应符合表 4.8.3 的规定。

表 4.8.3 排气筒、排气管、给排气管与可燃材料、难燃材料装修的建筑物的安装距离（mm）

烟气温度		260℃及其以上	260℃以下	
设置部位		排气筒、排气管		给排气管
敞开空间	无隔热	150mm 以上	$D/2$ 以上	0mm 以上
	有隔热	有 100mm 以上隔热层，可取 0mm 以上安装	有 20mm 以上隔热层，可取 0mm 以上安装	—
隐蔽空间		有 100mm 以上隔热层，可取 0mm 以上安装	有 20mm 以上隔热层，可取 0mm 以上安装	20mm 以上
贯通孔洞		应有下列措施之一： （1）150mm 以上的空间； （2）150mm 以上的空间设钢制挡板（单面）或钢制百叶窗（双面）； （3）100mm 以上的非金属不燃材料保护套（混凝土制套管）	应有下列措施之一： （1）$D/2$ 以上的空间； （2）$D/2$ 以上的空间设钢制挡板（单面）或钢制百叶窗（双面）； （3）20mm 以上的非金属不燃材料卷制或缠绕	0mm 以上

注：D 为排气筒直径。

4.8.4 建筑外墙燃具水平烟道风帽排气出口与可燃材料、难燃材料装修的建筑物的最小距离应符合表 4.8.4 的规定。

表 4.8.4 风帽排气出口与可燃材料、难燃材料装修的建筑物的最小距离（mm）

隔离方向 吹出方向	上 方	侧 方	下 方	前 方
向下吹 ↓	300	150	600（300）	150
垂直吹 360° ↑	600（300）	150	150	150
斜吹 360° ↖	600（300）	150	150	300
斜吹向下 ↘	300	150	300	300
水平吹 →	300	150	150	600（300）

注：括弧内为有防热板的距离。

5 质量验收

5.0.1 燃气的种类和压力,以及自来水的供水压力应符合燃具要求。

5.0.2 将燃具前燃气阀打开,关闭燃具燃气阀,用发泡剂或检漏仪检查燃气管道和接头,不应有燃气泄漏。采暖热水炉还应检查供回水系统的严密性。

5.0.3 燃气管道严密性检验应符合现行行业标准《城镇燃气室内工程施工与质量验收规范》CJJ 94 的规定,冷热水管道严密性检验应符合现行国家标准《建筑给水排水及采暖工程施工质量验收规范》GB 50242 的规定。

5.0.4 打开自来水阀和燃具冷水进口阀,关闭燃具热水出口阀,目测检查自来水系统不应有水渗漏现象。

5.0.5 按燃具使用说明书要求,使燃具运行,燃烧器燃烧应正常,各种阀门的开关应灵活,安全、调节和控制装置应可靠、有效。

5.0.6 燃具检查项目及性能要求应符合本规程表 5.0.7～表 5.0.8 的规定。类别 A 为主控项目应全检,B 为一般项目应抽检。抽检比例不应小于 20%,且不应少于 2 台。上述检查合格和用户签字后张贴合格标示。

5.0.7 燃具基本条件应按表 5.0.7 的规定进行检验。

5.0.8 燃具安装应按表 5.0.8 的规定进行检验。

表5.0.7 基本条件检验

项目		条款号	技术要求	检验方法	类别
总项	子项				
一般规定	选型依据	3.1.1	符合用途和安装条件等	查阅设计文件	A
	燃气类别	3.1.2	必须匹配	查阅产品说明书	A
	燃具选型	3.1.3	满足预定用途	按本规程附录A	A
	辅助能源	3.1.4	给水、排水、供暖、供电、供燃气满足燃具要求	视检	A
	燃具及给排气	3.1.5	预留燃具位置，具备给排气设施	视检	A
烟气排放	敞开式	3.3.1	机械排烟符合要求	视检和查阅产品说明书	A
	半密闭自然排气式	3.3.2	设独立烟道或共用烟道	微压计或发烟物检查烟道抽力	A
	密闭式	3.3.3	设置给排气管	视检和查阅产品说明书	A
	综合	3.3.4	烟气排至室外大气	视检	A
安全监控	系统设置	3.4.1	半地下室和地上暗厨房设置符合要求	按现行国家标准《城镇燃气设计规范》GB 50028规定视检	A
	系统条件	3.4.2	系统设计符合要求	按现行行业标准《城镇燃气报警控制系统技术规程》CJJ/T146规定视检	A

24

表 5.0.8 燃具安装检验

项	目 子项	条款号	技术要求	检验方法	类别
总项	燃具设置位置	4.1.1	通风良好的厨房或非居住房间，严禁设在卧室	视检	A
一般规定	特殊设置	4.1.2	半地下室（液化石油气除外）和地上暗厨房设置应有安全监控设施，不应设在地下室	按CJJ/T 146规定视检	A
	技术文件	4.1.4	具备使用说明书和安全警示	查阅产品技术文件	A
	设计参数	4.1.5	燃气种类、压力和负荷、水压、电压及功率等	查阅产品技术文件	B
灶具	设置房间	4.2.1	通风良好的厨房、阳台等非居住房间	视检	A
	安装位置	4.2.2	防火间距符合要求	视检尺量	A
	灶台和墙面材料	4.2.3	材料符合防火要求	视检	A
	灶台结构	4.2.4	灶台高度及橱柜通风孔符合规定	视检尺量	B
	并列安装	4.2.5	水平净距不小于0.5m	视检尺量	B
	燃具连接	4.2.6	灶具与燃气管的连接符合要求	视检	A
热水器	设置房间	4.3.1	通风良好的厨房、阳台和平衡式隔室等	视检	A
	安装位置	4.3.2	防火间距符合要求	视检尺量	A
	地面和墙面材料	4.3.3	材料符合防火要求	视检	A
	管道	4.3.4	燃气管道和冷热水管道的安装符合要求	视检	A

续表 5.0.8

项目	子项	条款号	技术要求	检验方法	类别
采暖热水炉	设置房间	4.4.1	厨房、阳台、半地下室（液化石油气除外）和平衡式嘴室等	视检	A
	安装位置	4.4.2	防火间距符合要求	视检尺量	A
	地面和端面材料	4.4.3	材料符合防火要求	视检	A
	管道	4.4.4	采暖供回水、冷热水和燃气管道安装符合要求	视检	A
	膨胀管	4.4.5	严禁设置阀门	视检	A
	温控器	4.4.6	设置在采暖区域温度稳定并距地面（1.2～1.5）m墙上	视检	B
电气	电源及接地	4.5.1	电源及插座与燃具匹配，接地可靠（使用交流电的I类器具）	视检插座并核查接地可靠性	A
	电源线截面	4.5.2	符合说明书规定	视检	B
	插座安装	4.5.3	应独立专用并安全固定，防火间距符合要求	视检	A
	防水插座	4.5.4	密闭式热水器在卫生间设置，且符合要求	视检	A

续表 5.0.8

项 目		子 项	条款号	技术要求	检验方法	类别
总项						
室内给排气设备		自然换气	4.6.1	排气装置的性能和安装符合要求	查阅产品技术文件	B
		机械换气	4.6.2	排气装置及排气道的性能和安装符合要求	查阅产品技术文件	B
		排烟罩结构	4.6.3	覆盖火源或覆盖罩闭部分	视检	B
		百叶窗	4.6.4	间隙和开口面积符合要求	视检	B
		机械换气给气口	4.6.6	机械换气时，可不限制给气口大小和位置	视检	B
		排气扇与燃具	4.6.7	排气扇的风量和风压符合要求	查阅技术文件	A
		吸油烟机与共用排气道	4.6.8	排气系统符合要求	查阅技术文件	B
		排气管、给排气管连接和安装	4.6.9	排气管和给排气管的质量及安装位置、坡度和搭接长度符合要求	视检	B
		水平烟道出口	4.6.10	燃具烟道终端排气出口距门洞口最小净距符合要求，烟道终端排气出口应设置在烟气容易扩散的部位	视检	A
		给气口和换气口	4.6.11	位置和横截面积符合要求	视检	B
		烟道	4.6.12	半密闭自然排气式燃具烟道应符合要求（高度、长度和弯头数量等）	视检	B
		烟囱出口位置	4.6.13	高出屋顶并避开正压区	视检	A
		独立烟道	4.6.14	独立烟道的结构和性能符合要求	视检	A
		共用烟道	4.6.15	共用烟道的结构和性能符合要求	视检	A

续表 5.0.8

总项	项 目 子 项	条款号	技术要求	检验方法	类别
室内给排气设备	支烟道抽力	4.6.16	燃具停用时为负压	微压计或发烟物视检	A
	烟囱抽力	4.6.17	烟囱抽力大于总阻力，燃具工作时，$P_j<$（3Pa或10Pa）	微压计或发烟物视检	A
	燃气、煤合用烟道	4.6.19	不得合用	视检	A
	共用给排气烟道	4.6.20	共用给排气烟道的结构和性能符合要求	视检	A
	密闭式燃具与共用给排气烟道连接	4.6.21	符合要求	视检	A
	冷凝式燃具烟道	4.6.22	标明适应冷凝式燃具，并应有收集和处理冷凝液的措施	视检	A
平衡式隔室	用途	4.7.1	半密闭自然排气式改为密闭自然排气式	视检	B
	设计	4.7.2	隔室给排气设计符合要求	视检	A
	自闭门结构	4.7.3	隔室自闭门结构符合要求	视检	B
	保温	4.7.4	烟道管、空气管和热水管应保温	视检	A
	给排气口	4.7.5	距门、窗洞口和可燃、难燃材料的距离符合要求	视检	A
安全防火	燃具	4.8.1	与可燃、难燃材料的距离符合要求	视检	A
	吸油烟机	4.8.2	灶具与吸油烟机装置及其他部位的距离符合要求	视检	A
	排气筒、给排气管	4.8.3	与可燃、难燃材料的距离符合要求	视检	A
	外墙烟道风帽	4.8.4	与可燃、难燃材料的距离符合要求	视检	A

附录 A 燃具选型原则

A.0.1 灶具主火和次火的热负荷及其调节范围应满足预定用途。

A.0.2 灶具不同热负荷和不同用锅的实际热效率,可根据标准规定的检测用锅的基准锅底热强度为 $5.5W/cm^2$ 时,嵌入式灶和集成灶热效率为 50%,台式灶热效率为 55%,按基准锅底热强度值每增加 $1W/cm^2$,热效率变化值为 -2.4% 进行折算确定。

A.0.3 家用燃气灶使用 22cm～32cm 平底锅时的热效率可采用表 A.0.3 的数值。

灶具宜在锅底热强度等于或小于 $5.5W/cm^2$ 工况下使用。常用锅的热效率可选用表 A.0.1 的数值。

表 A.0.3 家用燃气灶使用 22cm～32cm 平底锅时的热效率

序号	热负荷(kW)	常用锅热效率(%)					
		$d=22$ $F=380$	$d=24$ $F=452$	$d=26$ $F=531$	$d=28$ $F=615$	$d=30$ $F=707$	$d=32$ $F=804$
1	2.91	$q=7.7$ 44.7/49.7	$q=6.4$ 47.8/52.8	$q=5.5$ 50.0/55.0	$q=4.7$ 51.9/56.9	$q=4.1$ 53.4/58.4	$q=3.6$ 54.6/59.6
2	3.36	$q=8.8$ 42.1/47.1	$q=7.4$ 45.4/50.4	$q=6.3$ 48.1/53.1	$q=5.5$ 50.0/55.0	$q=4.8$ 51.7/56.7	$q=4.2$ 53.1/58.1
3	3.86	$q=10.2$ 38.7/43.7	$q=8.5$ 42.8/47.8	$q=7.3$ 45.7/50.7	$q=6.3$ 48.1/53.1	$q=5.5$ 50.0/55.0	$q=4.8$ 51.7/56.7
4	4.40	$q=11.6$ 35.4/40.4	$q=9.7$ 39.9/44.9	$q=8.3$ 43.3/48.3	$q=7.2$ 45.9/50.9	$q=6.2$ 48.3/53.3	$q=5.5$ 50.0/55.0
5	4.95	$q=13.0$ 32.0/37.0	$q=11.0$ 36.8/41.8	$q=9.3$ 40.9/45.9	$q=8.0$ 44.0/49.0	$q=7.0$ 46.4/51.4	$q=6.2$ 48.3/53.3
6	5.56	$q=14.6$ 28.2/33.2	$q=12.3$ 33.7/38.7	$q=10.5$ 38.0/43.0	$q=9.0$ 41.6/46.6	$q=7.9$ 44.2/49.2	$q=6.9$ 46.6/51.6

注:1 d——锅内径(cm),F——锅底面积(cm^2);
  2 斜立线左边为嵌入式灶和集成灶热效率,右边为台式灶热效率。

A.0.4 家用燃气热水器的热负荷及其调节范围应满足预定用途。

A.0.5 快速式热水器可按供水温度为40℃，水温升为25℃时确定产热水能力和热负荷。宜按下列原则选型：

1 供应单个洗涤盆时，产热水能力宜为（4～6）L/min。

2 供应单个淋浴器时，产热水能力宜为（8～10）L/min。

3 供应单个浴盆时，产热水能力宜为12L/min。

A.0.6 容积式热水器可按供水温度为60℃时确定热水器的容量、贮热时间和热负荷。宜按下列原则选型：

1 供应单个淋浴器时，贮水容量不宜小于50 L。

2 供应单个浴盆时，贮水容量不宜小于100 L。

3 贮热水容器的贮热量应满足一次沐浴的需要，其贮热时间不应小于30min。

注：贮热时间指容积式热水器停止加热的时间间隔。

A.0.7 普通住宅一户设置多个卫生间时，宜按一个卫生间计算生活热水耗热量。

A.0.8 家用燃气采暖热水炉选型时的热负荷可采用生活或采暖耗热量中的较大值。生活热水的热负荷可采用本规程A.0.5的规定，采暖耗热量应按现行国家标准《民用建筑供暖通风与空气调节设计规范》GB 50736的规定计算确定。

A.0.9 节水型淋浴器和节水型水嘴的最大流量应符合现行行业标准《节水型生活用水器具》CJ 164的规定。

附录B 不同海拔高度 H 及低压燃具额定压力 P_n

表B 不同海拔高度 H 及低压燃具额定压力 P_n

序号	海拔高度 H (m)	燃具额定压力 P_n (kPa)		
		人工煤气	天然气	液化石油气
1	0	1.0	2.0	2.8
2	500	1.1	2.1	2.9
3	1000	1.1	2.2	3.1
4	1500	1.2	2.3	3.2
5	2000	1.2	2.4	3.4
6	2500	1.3	2.6	3.6
7	3000	1.3	2.7	3.8
8	3500	1.4	2.8	4.0
9	4000	1.5	3.0	4.2
10	4500	1.6	3.2	4.4
11	5000	1.7	3.3	4.7
12	6000	1.9	3.7	5.2

注：1 燃具额定压力 P_n 为高海拔地区（$H=500m\sim6000m$）时低压燃具前的供气压力；

2 带调压装置的燃具，燃具喷嘴前的燃气压力，可按表B中人工煤气的增大倍数由专业人员在燃具安装前进行调节和设定。

附录 C 共用烟道的结构和尺寸

C.0.1 主、支并列型共用烟道系统（图 C.0.1），主烟道横截面积、燃具的最大数量和总额定热负荷应符合表 C.0.1 的规定。

表 C.0.1 通过支烟道向主烟道排放的燃具数量和热负荷（低热值）

器具类型	主烟道的横截面积			
	$40000mm^2 \sim 62000mm^2$		$62000mm^2$ 及以上	
	燃具的最大数量	总额定热负荷（kW）	燃具的最大数量	总额定热负荷（kW）
采暖壁炉	5	30	7	45
快速式热水器	10	300	10	450
容积式热水器、采暖热水炉或热风炉	10	120	10	180

C.0.2 共用烟道应符合下列要求：

1 每台自然排烟的燃具应设防倒风排气罩；

2 每台燃具应安装熄火保护装置；

3 每台燃具应具有安装房间燃烧产物达到危险量（$CO \leqslant 0.02\%$，$CO_2 \leqslant 2.5\%$）之前切断燃气供应的安全装置和防倒烟的烟气封闭安全装置；

注：烟气封闭安全装置指起封闭或节流烟道系统的间隙控制器。

4 确定烟道尺寸时，应保证燃烧产物从整个设备中有效排出，其横截面积不应小于 $40000mm^2$；

5 烟道的安装应设检查孔和维修孔；

6 不应使用排烟出口为正压的强制排烟燃具。

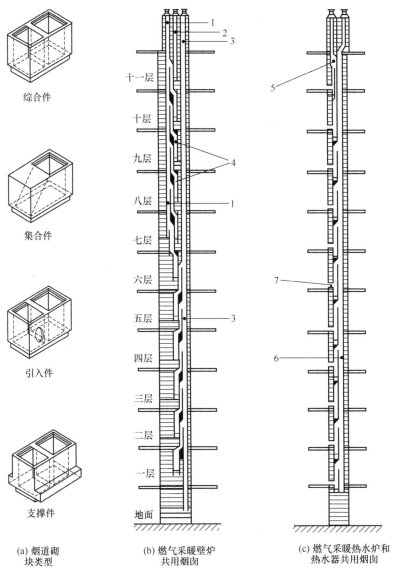

图 C.0.1 主、支并列型共用烟道系统和砌块类型

1—主烟道(6~10层用);2—独立烟道(11层用);3—主烟道(1~5层用);4—支(辅助)烟道;5—共用烟道(10~11层用);6—主烟道(地面至9层);7—支(辅助)烟道进口

附录 D 共用给排气烟道的结构和尺寸

D.0.1 共用给排气烟道的结构可分为倒 T 形（图 D.0.1-1）、U 形（图 D.0.1-2）、分离型中的同轴型（图 D.0.1-3）和分离型中的并列型（图 D.0.1-4）。

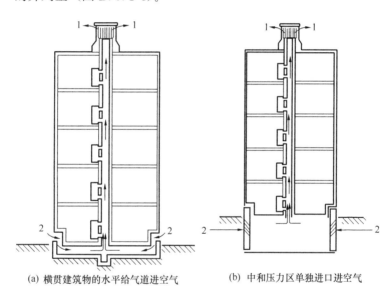

(a) 横贯建筑物的水平给气道进空气　　(b) 中和压力区单独进口进空气

图 D.0.1-1　倒 T 形烟道结构示意图
1—燃烧产物；2—空气入口

D.0.2 共用给排气烟道（图 D.0.1-1～图 D.0.1-4）的横截面积可根据下列规定确定：

1 当采暖热水炉采暖模式的最大燃气流量与热水模式的最大燃气流量相同时，倒 T 形烟道尺寸应按表 D.0.2-1 的规定采用。

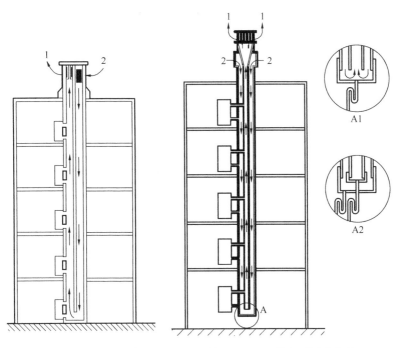

图 D.0.1-2 U形烟道
结构示意图
1—燃烧产物；2—空气入口

图 D.0.1-3 分离型烟道中的
同轴型结构示意图
1—燃烧产物；2—空气入口；
A1—自然通风/负压烟囱大样图；
A2—机械通风/正压烟囱大样图

2 当采暖模式的最大燃气流量小于热水模式的最大燃气流量时，倒T形烟道尺寸应按表D.0.2-2的规定采用。

3 当每层设置1台燃具时，同轴型烟道尺寸应按表D.0.2-3的规定采用。

4 当每层设置2台燃具时，同轴型烟道尺寸应按表D.0.2-4的规定采用。

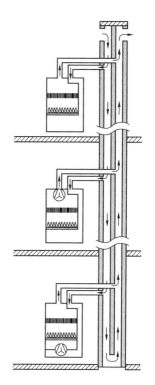

图 D.0.1-4 分离型烟道中的并列型结构示意图

表 D.0.2-1 多层建筑中连续燃烧燃具（如锅炉、燃气采暖炉）的倒 T 形烟道尺寸

连续燃烧燃具的额定热输入（kW）（低热值）	层　数											
	3	4	6	8	10	12	14	16	18	20	24	28
	烟道的横截面积（m²）											
2.7	0.025	0.030	0.039	0.046	0.052	0.058	0.062	0.067	0.072	0.076	0.085	0.091
4.5	0.031	0.037	0.048	0.057	0.064	0.072	0.078	0.084	0.089	0.095	0.107	0.120
9.0	0.042	0.051	0.066	0.078	0.088	0.100	0.111	0.122	0.132	0.141	0.168	0.189
13.5	0.051	0.062	0.081	0.097	0.113	0.128	0.142	0.156	0.178	0.193	0.219	0.246
18.0	0.059	0.072	0.094	0.116	0.137	0.154	0.180	0.199	0.217	0.233	0.266	0.298
22.5	0.065	0.081	0.110	0.136	0.158	0.189	0.211	0.233	0.253	0.273	0.311	0.347
27.0	0.073	0.090	0.125	0.153	0.189	0.216	0.242	0.266	0.288	0.311	0.353	0.393

注：1　对于中间的热输入，可以通过内插法获得横截面积；
　　2　本表仅适用于安装在预制混凝土块烟囱的非冷凝燃烧燃具。

表 D.0.2-2 多层建筑中快速热水器（30kW 额定输入）和连续燃烧燃具（如锅炉、燃气采暖炉）合用的倒 T 形烟道尺寸

连续燃烧燃具的额定热输入（kW）（低热值）	层 数 烟道的横截面积（m²）											
	3	4	6	8	10	12	14	16	18	20	24	28
0	0.053	0.055	0.060	0.083	0.086	0.107	0.127	0.131	0.149	0.174	0.196	0.218
2.7	0.058	0.061	0.068	0.092	0.098	0.122	0.143	0.148	0.177	0.197	0.221	0.246
4.5	0.060	0.065	0.073	0.100	0.107	0.132	0.154	0.168	0.192	0.213	0.239	0.265
9.0	0.067	0.075	0.087	0.119	0.130	0.157	0.193	0.202	0.228	0.252	0.284	0.314
13.5	0.074	0.084	0.102	0.138	0.153	0.192	0.222	0.235	0.263	0.289	0.326	0.362
18.0	0.081	0.093	0.117	0.156	0.182	0.219	0.251	0.268	0.299	0.326	0.368	0.408
22.5	0.087	0.103	0.131	0.181	0.206	0.245	0.280	0.299	0.332	0.363	0.409	0.453
27.0	0.094	0.113	0.146	0.201	0.228	0.270	0.309	0.330	0.365	0.399	0.449	0.498

注：1 对于中间的热输入，可以通过内通法求得横截面积；
2 本表仅适用于安装在预制混凝土块烟囱的非冷凝的燃烧燃具。

表 D.0.2-3 用于冷凝和非冷凝燃烧燃具的共用烟道（同轴型）系统横载面积（每层一台燃烧器具）

额定热输入(kW)(低热值)	层数										
	2		3		4		5		6	
	烟道	空气	烟道	空气	烟道	空气	烟道	空气	烟道	空气
	横截面积 (m²)									
9	0.018	0.046	0.018	0.046	0.018	0.046	0.018	0.046	0.018	0.046
13.5	0.018	0.046	0.018	0.046	0.018	0.046	0.018	0.046	0.025	0.065
18.0	0.033	0.046	0.018	0.046	0.018	0.046	0.025	0.065	0.025	0.065
22.5	0.033	0.046	0.018	0.046	0.025	0.065	0.025	0.065	0.033	0.086
27.0	0.040	0.046	0.018	0.046	0.025	0.065	0.033	0.086	0.033	0.086

额定热输入(kW)(低热值)	层数										
	7		8		9		10		11	
	烟道	空气	烟道	空气	烟道	空气	烟道	空气	烟道	空气
	横截面积 (m²)									
9	0.025	0.065	0.025	0.065	0.033	0.086	0.040	0.102	0.049	0.128
13.5	0.025	0.065	0.025	0.065	0.033	0.086	0.040	0.102	0.049	0.128
18.0	0.033	0.086	0.033	0.086	0.033	0.086	0.040	0.102	0.049	0.128
22.5	0.033	0.086	0.040	0.102	0.040	0.102	0.049	0.128	0.049	0.128
27.0	0.040	0.102	0.040	0.102	0.049	0.128	0.049	0.128	0.071	0.189

续表 D.0.2-3

额定热输入 (kW) (低热值)	层 数									
	12		13		14		15		16	
	横截面积 (m²)									
	烟道	空气	烟道	空气	烟道	空气	烟道	空气	烟道	空气
9	0.049	0.128	0.071	0.189	0.071	0.189	0.096	0.262	0.096	0.262
13.5	0.071	0.189	0.071	0.189	0.071	0.189	0.096	0.262	0.096	0.262
18.0	0.071	0.189	0.071	0.189	0.071	0.189	0.096	0.262	0.096	0.262
22.5	0.071	0.189	0.071	0.189	0.071	0.189	0.096	0.262	0.096	0.262
27.0	0.071	0.189	0.071	0.189	0.071	0.189	0.096	0.262	0.096	0.262

额定热输入 (kW) (低热值)	层 数									
	17		18		19		20			
	横截面积 (m²)									
	烟道	空气	烟道	空气	烟道	空气	烟道	空气		
9	0.096	0.262	0.096	0.262	0.126	0.316	0.126	0.316		
13.5	0.126	0.316	0.126	0.316	0.126	0.316	0.159	0.408		
18.0	0.126	0.316	0.126	0.316	0.159	0.408	0.159	0.408		
22.5	0.126	0.316	0.126	0.316	0.159	0.408	0.159	0.408		
27.0	0.126	0.316	0.126	0.316	0.159	0.408	0.159	0.408		

表 D.0.2-4 用于冷凝和非冷凝燃烧燃具的共用烟道（同轴型）系统横截面积（每层两台燃烧器具）

额定热输入(kW)(低热值)	层数									
	1		2		3		4		5	
	横截面积 (m²)									
	烟道	空气	烟道	空气	烟道	空气	烟道	空气	烟道	空气
9.0	0.018	0.046	0.018	0.046	0.018	0.046	0.025	0.065	0.025	0.065
13.5	0.018	0.046	0.018	0.046	0.025	0.065	0.025	0.065	0.033	0.086
18.0	0.018	0.046	0.018	0.046	0.025	0.065	0.033	0.086	0.040	0.102
22.5	0.018	0.046	0.025	0.065	0.033	0.086	0.040	0.102	0.049	0.128
27.0	0.018	0.046	0.025	0.065	0.033	0.086	0.049	0.128	0.071	0.189

额定热输入(kW)(低热值)	层数									
	6		7		8		9		10	
	横截面积 (m²)									
	烟道	空气	烟道	空气	烟道	空气	烟道	空气	烟道	空气
9.0	0.033	0.086	0.033	0.086	0.049	0.128	0.071	0.189	0.071	0.189
13.5	0.040	0.102	0.049	0.128	0.049	0.128	0.071	0.189	0.071	0.189
18.0	0.049	0.128	0.071	0.189	0.071	0.189	0.071	0.189	0.071	0.189
22.5	0.071	0.189	0.071	0.189	0.096	0.262	0.096	0.262	0.096	0.262
27.0	0.071	0.189	0.071	0.189	0.096	0.262	0.096	0.262	0.126	0.316

本规程用词说明

1 为便于在执行本规程条文时区别对待,对要求严格程度不同的用词说明如下:

1) 表示很严格,非这样做不可的用词:

正面词采用"必须",反面词采用"严禁";

2) 表示严格,在正常情况下均应这样做的用词:

正面词采用"应",反面词采用"不应"或"不得";

3) 表示允许稍有选择,在条件许可时首先应这样做的用词:

正面词采用"宜",反面词采用"不宜";

4) 表示有选择,在一定条件下可以这样做的用词,采用"可"。

2 条文中指明应按其他有关标准执行的写法为:"应符合……规定"或"应按……执行"。

引用标准名录

1 《建筑给水排水设计规范》GB 50015
2 《城镇燃气设计规范》GB 50028
3 《建筑给水排水及采暖工程施工质量验收规范》GB 50242
4 《民用建筑供暖通风与空气调节设计规范》GB 50736
5 《城镇燃气分类和基本特性》GB/T 13611
6 《吸油烟机》GB/T 17713
7 《家用燃气燃烧器具安全管理规则》GB 17905
8 《城镇燃气室内工程施工与质量验收规范》CJJ 94
9 《城镇燃气报警控制系统技术规程》CJJ/T 146
10 《民用建筑电气设计规范》JGJ 16
11 《节水型生活用水器具》CJ 164
12 《燃烧器具用不锈钢排气管》CJ/T 198
13 《燃烧器具用不锈钢给排气管》CJ/T 199
14 《家用燃气报警器及传感器》CJ/T 347
15 《电磁式燃气紧急切断阀》CJ/T 394
16 《住宅厨房、卫生间排气道》JG/T 194

中华人民共和国行业标准

家用燃气燃烧器具安装及验收规程

CJJ 12-2013

条文说明

修订说明

《家用燃气燃烧器具安装及验收规程》CJJ 12-2013，经住房和城乡建设部 2013 年 7 月 26 日以第 92 号公告批准、发布。

本规程是在《家用燃气燃烧器具安装及验收规程》CJJ 12-99 的基础上修订而成，上一版的主编单位是中国市政工程华北设计研究院，参加单位是：深圳市火王燃器具公司、武汉市煤气（集团）公司、上海市煤气公司、重庆市天然气公司、天津费加罗电子有限公司，主要起草人员是：高勇、张维华、周红平、刘学锋、顾宝钟、邱光清、王连驰、杨小丰。

本次修订的主要技术内容是：

1. 增加了第 3 章、附录 A、附录 B、附录 C、附录 D；

2. 原规程第 4、5 章内容合并为本规程第 4 章；

3. 第 3 章规定了对城镇燃气、烟气排放、安全监控和建筑设备等的基本要求；

4. 第 4 章在原规程第 4、5 章的基础上增加了安装燃具场所的电气要求、烟道终端排气出口距门窗洞口的最小净距和燃具安装房间燃气和烟气泄漏的安全指标和保护措施等；

5. 第 5 章在原规程第 6 章的基础上增加了基本条件检验和燃具安装检验的技术要求和检验方法。

本规程修订过程中，编制组进行了深入细致的调查研究，总结了我国城镇燃气用户工程建设的实践经验，同时参考了英国标准《烟道的安装与维修规范》BS 5440-1、欧盟标准《按照燃烧产物排放方法进行燃气具分类的欧洲方案》PD CR1749 和《燃气热水器》EN 26 等国外先进技术法规、技术标准，经过反复讨论修改，最后经有关部门会审定稿。

为便于广大设计、施工、科研、学校等单位有关人员在使用本标准时能正确理解和执行条文规定,《家用燃气燃烧器具安装及验收规程》编制组按章、节、条顺序编制了本标准的条文说明,对条文规定的目的、依据以及执行中需注意的有关事项进行了说明,还着重对强制性条文的强制性理由做了解释。但是,本条文说明不具备与标准正文同等的法律效力,仅供使用者作为理解和把握标准规定的参考。

目　　次

- 1 总则 ………………………………………………………… 47
- 2 术语 ………………………………………………………… 48
- 3 基本规定 …………………………………………………… 49
  - 3.1 一般规定 ……………………………………………… 49
  - 3.2 城镇燃气 ……………………………………………… 49
  - 3.3 烟气排放 ……………………………………………… 50
  - 3.4 安全监控 ……………………………………………… 50
  - 3.5 建筑设备 ……………………………………………… 50
- 4 燃具及相关设备的安装 …………………………………… 51
  - 4.1 一般规定 ……………………………………………… 51
  - 4.2 灶具 …………………………………………………… 52
  - 4.3 热水器 ………………………………………………… 55
  - 4.4 采暖热水炉 …………………………………………… 57
  - 4.5 电气 …………………………………………………… 59
  - 4.6 室内给排气设备 ……………………………………… 60
  - 4.7 平衡式隔室 …………………………………………… 66
  - 4.8 安全防火 ……………………………………………… 66
- 5 质量验收 …………………………………………………… 70
- 附录 A 燃具选型原则 ……………………………………… 71
- 附录 B 不同海拔高度 H 及低压燃具额定压力 P_n ………… 72

1 总 则

1.0.1 近年来因家用燃具安装使用不当已发生多起安全事故，尤其是燃气、烟气和电气泄漏引发事故较多，为规范安装，该规程的修订是必要的。

1.0.2 本规程适用于家用燃具安装，燃具附属设施包括水、电、给排气及采暖等。

1.0.3 家用燃具属安全产品，故必须选用符合相关标准规定并具备生产许可证的产品。

1.0.4 家用燃具安装质量直接关系用户安全，为防止燃气、烟气和电气事故，必须要由考核合格的专业人员安装，本条根据《城镇燃气管理条例》的相关规定制定。

1.0.5 燃具安装及质量验收，除执行本规程外，其他燃气规范和相关的建筑、水、暖、电规范也必须严格执行。

2 术 语

2.0.3 敞开式（直排式、A型）燃具（灶具等），燃烧用空气取自室内，燃烧后的烟气也排放在室内，利用换气扇和吸油烟机等烟气导出装置将烟气排至室外，否则会污染环境。

2.0.4 半密闭式（烟道式、B型）燃具（热水器等），燃烧用空气取自室内，燃烧后的烟气通过烟道排至室外，不正确安装会有倒烟现象。

2.0.5 密闭式（平衡式、C型）燃具（采暖热水炉等），采用给、排气管，燃烧用空气取自室外，燃烧后的烟气也排至室外，对室内卫生环境不产生影响。这类燃具多数为平衡式，室外的给排气口在同一位置上，但少数也有给排气口不在一个位置上，即非平衡式。

2.0.8 平衡式隔室，专为半密闭自然排气式燃具设计的给排气装置，燃具由半密闭式改为密闭式，与室内换气无关。

2.0.9 排气道，专为敞开式燃具设计的排油烟通道，主要包括变压式和止逆式等。

2.0.10 烟道（烟囱，包括排气筒或排气管）专为半密闭式燃具设计的排烟通道，主要包括独立烟道和主、支并列型共用烟道。

2.0.11 主、支并列型烟道，主、支烟道并列，支烟道为层高，主烟道上部处于非正压区，上述条件是防止共用烟道倒烟的必备技术措施。

2.0.12 给排气烟道，专为密闭式燃具设计的给排气通道，主要包括U形、倒T形（SE型）和分离型（同轴型和并列型）等。

2.0.13 倒T形（⊥形）烟道国外一般称SE型烟道。

3 基 本 规 定

3.1 一 般 规 定

3.1.1 规定燃具及其给排气装置和安全监控装置等在选择时要充分考虑城镇燃气类别及波动范围，以及安装场所的水、电条件和给排气条件。

3.1.2 规定燃具铭牌上规定的燃气类别必须与当地供应的燃气类别相一致，包括小类别的一致性，如天然气中 12T、3T 等。燃气类别不一致将出现安全事故。

3.1.3 燃具节能与其设计的功率（热负荷、能耗）和效率（能效）有关，燃具节水与其出水率（水流量）有关。按附录 A 燃具选型原则选择灶具、热水器和采暖热水炉并能满足用户的预定用途，对贯彻国家节能、节水起到促进作用。

3.1.5 现行国家标准《住宅设计规范》GB 50096 规定，厨房应设置洗涤池、案台、炉灶及排油烟机、热水器等设施或为其预留位置；户内燃气灶应安装在通风良好的厨房、阳台内；燃气热水器等燃气设备应安装在通风良好的厨房、阳台内或其他非居住房间；住宅内各类用气设备的烟气必须排至室外；排气口应采取防风措施，安装燃气设备的房间应预留安装位置和排气孔洞位置。本条根据上述规定作出原则规定。

3.2 城 镇 燃 气

3.2.1 现行国家标准《城镇燃气分类和基本特性》GB/T 13611 规定了城镇燃气的类别及其燃烧特性指标华白数 W 和燃烧势 CP，用燃气类别及其特性指标控制燃气互换性和燃具适应性，燃气类别及其 W、CP 指标是燃气部门和燃具部门均应遵守的指标。

3.2.2 燃具前供气压力波动范围应在（0.75～1.5）倍燃具额定压

力 P_n 之内为现行国家标准《城镇燃气设计规范》GB 50028 的规定。

海拔高度 500m 时，燃具热负荷降低 2.5% 左右，故超过 500m 时应调高供气压力。调高供气压力比重新设计燃具要简单。附录 B 为不同海拔高度下燃具前额定压力计算值。

3.3 烟气排放

3.3.1 我国住宅装修后通风换气一般较差，故使用灶具等敞开式燃具时，要采用换气扇和吸油烟机等将烟气排至室外。室内容积热负荷指标超过 207W/m³ 应设置强制排气装置是现行国家标准《城镇燃气设计规范》GB 50028 的规定。室内容积热负荷指标按敞开式燃具额定热负荷除以室内容积计算得出。

3.3.2 半密闭强制排气式燃具和半密闭自然排气式燃具使用的烟道容易发生倒烟、窜烟和漏烟的现象，故烟道结构设计上应充分重视。

3.3.3 自然给排气和强制给排气密闭式燃具用给排气烟道吸气和排烟是燃具运行的必备条件。

3.3.4 规定燃具燃烧烟气不得排入封闭的建筑物走廊、阳台等部位，以防二次污染。

3.4 安全监控

3.4.2 燃气报警控制系统包括可燃气体探测器、可燃气体报警控制器和紧急切断阀等，系统的设计、安装、验收、使用和维护等应符合现行行业标准《城镇燃气报警控制系统技术规程》CJJ/T 146 的规定。

3.5 建筑设备

3.5.1 燃气快速热水器的启动水压一般为 (0.02~0.04) MPa，供电为 220V，50Hz。不能满足要求时要采取相应措施。

3.5.2 室内燃气系统主要确保燃具前的供气压力及其允许的波动范围，以及燃气系统（户内管）的严密性。

4 燃具及相关设备的安装

4.1 一般规定

4.1.1 本条等同现行国家标准《城镇燃气技术规范》GB 50494 规定。非居住房间主要指与厨房相连的封闭阳台或独立使用的设备间。

1 现行国家标准《住宅建筑规范》GB 50368 规定，套内的燃气设备应设置在厨房或与厨房相连的阳台内；套系指由使用面积、居住空间组成的基本住宅单元。

2 现行国家标准《住宅设计规范》GB 50096 规定，居住空间系指卧室、起居室（厅）的使用空间；卧室为供居住者睡眠、休息的空间；起居室（厅）为供居住者会客、娱乐、团聚等活动的空间。

3 现行国家标准《住宅设计规范》GB 50096 规定，户内燃气灶应安装在通风良好的厨房、阳台内；燃气热水器等燃气设备应安装在通风良好的厨房、阳台内或其他非居住房间。

4 现行国家标准《住宅设计规范》GB 50096 规定，非居住房间系指一些大户型住宅、别墅等为燃气设备等单独设置的、有与其他空间分隔的门、有自然通风且确实能保证无人居住的设备间等，不包括目前一般住宅中不能保证无人居住的起居室、餐厅以及与之相通的过道等。

5 现行国家标准《城镇燃气技术规范》GB 50494 规定，非居住房间系指住宅中除卧室、起居室（厅）外的其他房间。

为保证住宅单元的安全，住宅卧室、起居室（厅）内部不应设置燃具。

4.1.2 本条参照国家现行相关标准的规定编制。

1 现行国家标准《建筑设计防火规范》GB 50016 和《高层

民用建筑设计防火规范》GB 50045 规定，采用相对密度（与空气密度的比值）大于等于 0.75 的可燃气体作燃料的锅炉，不得设置在建筑物的地下室或半地下室。

2 现行国家标准《住宅建筑规范》GB 50368 规定，住宅的卧室、起居室（厅）、厨房不应布置在地下室。当布置在半地下室时，必须采取采光、通风、日照、防潮、排水及安全防护措施。住宅的地下室、半地下室内严禁设置液化石油气用气设备、管道和气瓶；十层及十层以上住宅内不得使用瓶装液化石油气；住宅的地下室、半地下室内设置人工煤气、天然气用气设备时，必须采取安全措施。

3 现行国家标准《城镇燃气设计规范》GB 50028 规定，液化石油气管道和烹调用液化石油气燃烧设备不应设置在地下室、半地下室内。当确有需要设置在地下一层、半地下室时，应针对具体条件采取有效的安全措施，并进行专题技术论证（经专家论证、主管部门审批后方可实施）。

4 现行国家标准《城镇燃气技术规范》GB 50494 规定，当燃具和用气设备安装在地下室、半地下室及通风不良的场所时，应设置通风、燃气泄漏报警等安全设施。

4.1.3 水压 0.05MPa，电压 220V、频率 50Hz，燃气压力 $(0.75\sim1.5)P_n$（P_n——燃具额定压力）等技术参数是燃具正常使用的必备条件。

4.1.4 本条规定燃具及相关设备应具备的技术文件。安装说明书给安装人员，不装箱，不提供给用户；使用说明书装箱，提供给用户；安全警示贴在用具上。

4.2 灶 具

4.2.1 设置灶具的房间要求主要根据国内有关标准规定编制。通风良好的厨房和与厨房相连的阳台安装灶具为国内外通用做法。

1 厨房应设隔断门与卧室和起居室隔开，以防止泄漏燃气和烟气危害人身安全。

2 厨房净高不应低于2.2m,现行国家标准《住宅设计规范》GB 50096规定,厨房、卫生间的室内净高不应低于2.2m。

4.2.2 灶具安装位置的编制依据。

1 灶具与墙面的净距不小于10cm为安装和使用的需要。

2 灶具与木质门窗和家具的净距不小于20cm,与高位安装的燃气表水平净距不小于30cm,为现行国家标准《城镇燃气设计规范》GB 50028的规定。

3 灶具与金属管道的水平净距不小于30cm,与不锈钢波纹软管(含其他覆塑金属管)、铝塑复合管的水平净距不小于50cm,PE和PVC材料使用环境温度不应高于60℃,为国家现行标准《城镇燃气设计规范》GB 50028和《城镇燃气室内工程施工与质量验收规范》CJJ 94的规定。

现行国家标准《家用燃气灶具》GB 16410规定,敞开式燃具在距木板15cm处的最大温升为100℃。现行国家标准《液化石油气钢瓶》GB 5842规定,钢瓶使用的环境温度为-40℃~60℃。现行国家标准《城镇燃气设计规范》GB 50028规定,气瓶与燃具的净距不应小于0.5m。

综合上述,距灶具50cm处的环境温度不会大于60℃。

4 有效措施主要指防火隔热措施。

5 灶具与其他部位,如上方、侧方、下方和前方的防火间距按本规程第4.8节的规定执行。

4.2.3 灶台应采用不燃材料,采用难燃材料时应设防火隔热板,以上为现行国家标准《城镇燃气设计规范》GB 50028的规定,为国内外通用做法。

4.2.4 灶台结构和尺寸的编制依据。

1 人体操作的适宜高度为(80~85)cm,灶台高度加上灶具高度应满足上述要求。台式灶的高度一般为13cm左右,嵌入式灶安装后的高度比灶台略高。

2 嵌入式灶台尺寸一般标准无明确规定(如开口尺寸等),

故灶台要符合说明书规定,否则无法安装和使用。

3 嵌入式灶灶台下面橱柜开通风孔的目的有两个,一为下进风时供应助燃用空气,二为燃气接管处要求通风良好,以防止燃气泄漏积聚。通风孔面积为国家现行标准《家用燃气燃烧器具安全管理规则》GB 17905和《城镇燃气室内工程施工与质量验收规范》CJJ 94的规定数据。

4.2.5 灶与灶之间水平距离不小于0.5m为操作需要。

4.2.6 灶具与燃气管道连接要求的编制依据:

1 燃具前的供气支管末端设专用手动快速切断阀,一般采用球阀,该阀门的功能为灶具用完后或较长时间不用时起关断燃气的作用,以防止无人看管时,连接管脱落和燃具部位漏气。阀门处的供气支管用管卡固定在墙上,以防止操作阀门时其连接处受力松动而漏气。切断阀及燃具连接用软管的位置应低于灶面3cm,其目的为防止切断阀和软管受到火焰的烘烤而影响其安全性。

2 为防止软管脱落,故宜采用螺纹连接。

3 金属软管插入式连接与橡胶软管类似,故应有可靠的防脱压紧措施。

4 橡胶软管插入式连接,橡胶软管与防脱接头的类型和尺寸应匹配,软管插入到位并设喉箍等压紧,以防软管脱落。

5 橡胶软管与燃具的连接长度不得超过2m,并不得有接头,不得穿墙;软管连接时不得使用三通,形成两个支管。

6 现行国家标准《家用燃气燃烧器具安全管理规则》GB 17905规定,燃气热水器和采暖热水炉的判废年限为6年(人工煤气)或8年(天然气和液化石油气),燃气灶具的判废年限为8年,其他燃具的判废年限为10年。软管(橡胶管和不锈钢波纹管)的判废年限与燃具同步为好,经调查,1998年和2003年的橡胶软管还在正常使用;少量橡胶软管硬化脱落主要是软管质量差、与接头不匹配和安装使用不当所致。更换燃具并同时更换软管为一般用户的使用习惯。

不符合要求的软管主要指超过规定使用年限的软管,或橡胶软管已变硬、龟裂等或金属软管已锈蚀等,产生上述情况的软管必须及时更换。

7 灶前阀至灶具之间的系统严密性,可在工作压力下用发泡剂(肥皂水)等进行检验。工作压力下燃气无泄漏为最低要求。

4.3 热 水 器

4.3.1 设置热水器的房间要求主要根据国内有关标准规定编制。

厨房和与厨房相连的阳台、非居住房间和平衡式隔室均可安装热水器,上述部位一般能满足规定的给排气条件和水、电供应条件。

1 室外或未密闭阳台选用室外型热水器,因室外型热水器具有防风、雨、雪和防冻的措施。该处安装的燃具排气筒不得穿过室内,以防止烟气泄漏后对人身造成危害。

2 密闭式热水器的给排气管一般穿过外墙后安装给排气风帽(屋顶竖直给排气的除外),故应安装在有外墙的卫生间内。有外墙的卫生间均有外窗,故能直接采光和通风。

3 厨房、卫生间的净高不应低于2.2m是现行国家标准《住宅设计规范》GB 50096的规定,能满足壁挂式快速热水器(8~12)L/min的安装要求。

4 热水器安装部位应有一定的操作和检修空间,以方便使用和维修。壁挂式快速热水器的观火孔高度一般为1.5m,以便于观察火焰燃烧工况,确保使用安全。

5 安装热水器的墙面和地面应能承受热水器的荷重,尤其是贮水罐等设备安装时,一定要核算墙面和地面的承载能力。

6 本款等同国家建筑标准设计图集《热水器选用及安装》08S126的规定。容积式热水器贮水容量为(40~100)L,热水温度极限为(88~93)℃,规定的目的是防止故障跑水,用户受损。

4.3.2 热水器安装位置防火间距编制依据：

1 为方便安装和方便使用，热水器和灶具多数在同一部位安装，灶具属火焰外露器具，故规定了两者间的防火水平间距30cm，比距木制家具大10cm。

2 热水器上部设排气管或给排气管，故不允许有电力明线、电器和易燃物。下部不应设置灶具，以避免对热水器产生烘烤而影响正常使用。

4.3.3 由于热水器安装在墙面和地面上，考虑到装修时可能出现可燃或难燃材料，并规定了防火要求。

4.3.4 燃气和冷热水管道安装编制依据：

1 产品说明书对燃气和冷热水管道安装均有详细说明，故应遵照执行。

2 燃气和冷热水管道的公称尺寸DN和工程压力PN应符合设计规定，以确保系统的设计流量和系统的安全性。

3 热水器的热水系统因过压、放空等原因需要排水时，应通过排水口及其导管排入下水道，以免造成水淹等危害。主要针对容积式热水器上部安全阀排放和下部排空阀排放。

4 热水器与燃气管道的连接与灶具相同，可采用硬管连接或软管连接，但应牢固，以免脱落造成危害。

5 现行国家标准《建筑给水排水设计规范》GB 50015规定，热水输（配）管应保温，保温层的厚度经计算确定。生活热水管应采取保温材料缠绕措施，以减少管内热水的温降速度，达到节能的目的。

保温层厚度规定20mm，为一般热水管（$t=60℃$）的保温层厚度，以换热计算可知，可节约能源约6%。其计算条件为：$Q=24kW$，$K=50W/(m^2 \cdot ℃)$，$DN15$，$\Delta t=45℃$，钢管$L=10m$，$\Delta q=1484-128=1356W$，每延米热损失为$135.6W/m$。

6 为了方便热水器的运行、操作和检修，故燃气管道上应设手动快速式切断阀。

7 规定热水器与燃气管道连接同灶具，尤其软管连接时，要防止软管脱落问题。

8 为方便运行和操作，热水器给水管道上应设置阀门，等同国家建筑标准图集《热水器选用及安装》08S216 的规定。容积式热水器上部给水时，其浸没管上部距水箱顶部 150mm 范围内应配置直径不小于 3mm 的防虹吸孔，以防止停水时热水被吸入给水管道；带防虹吸孔的浸没管，已起到热水止回作用，故规定宜设；上述规定等同现行国家标准《燃气容积式热水器》GB 18111 的规定。

4.4 采暖热水炉

4.4.1 采暖热水炉属于长时间运行并无人看管的燃具，安全性要求高，故通风较差而又潮湿的卫生间内不允许安装。

4.4.2 采暖热水炉的炉体、烟道等部位的温度与热水器基本等同，故防火间距和防火要求与热水器一样。

4.4.3 设置采暖热水炉的地面和墙面的防火要求与热水器相同。

4.4.4 规定燃气管道、冷热水管道和供回水管道安装时除应符合热水器管道系统的技术要求外，还应考虑采暖方面的特殊要求。

1 采暖炉运行时间长，燃具同时工作系数比热水器大得多，采暖炉数目 1～20 时，同时工作系数 $K=1$～0.76，采暖炉数目大于或等于 21 时，同时工作系数 $K=0.75$；故燃气管道的口径和长度设计时要充分考虑其特性。采暖供回水管道要充分考虑水泵扬程、流量和采暖形式（地板、散热器）等因素。

2 泄压口、溢水口下方设排水设施的目的为了防止运行过程中泄压、溢流时淹泡的危害；排水过热时要采取掺混等方法降温，以防损坏塑料材质的排水系统；炉体排水连接管上不得设置阀门，当炉内超温、超压安全阀动作时应能及时排水，以防阀门误关炉体超压产生安全事故。

3 为保证系统正常运行，规定了系统中排水阀和排气阀的设置原则。

4 本条规定供暖系统回水管上应安装过滤器（网），以避免供暖系统中杂质进入采暖热水炉。

5 为了方便采暖热水炉的运行、操作和检修，规定了炉体采暖供回水管道、给水和燃气管道上应设阀门。给水管道还应符合相关的规定。

生活冷水供水水压应符合说明书规定，以保证采暖热水炉的启动和运行安全。现行国家标准《建筑给水排水设计规范》GB 50015中规定，卫生器具给水配件承受的最大工作压力为0.6MPa，卫生器具（水嘴、淋浴器等）的最低工作压力为0.05MPa。供水超压时应设减压阀，供水压力低于设备启动和运行压力时应设增压泵。

6 本款对采暖水系统的注水压力作了规定，采暖水系统的有关技术参数介绍如下：

（1）水质硬度（钙、镁化合物）为450mg/L。

（2）注水压力：

1）冷机注水压力：0.10～0.15MPa，为欧洲常用的24/28型采暖热水炉产品说明书规定；

2）热机运转压力：0.10～0.15MPa，为欧洲常用的24/28型采暖热水炉产品说明书规定。

（3）防冻设施：

采暖热水炉设备进水（回水）温度下降到6℃时，采暖热水炉采暖模式启动；当进水温度达到35℃时，燃烧器熄灭，循环水泵继续运转6min。

注：上述规定为一般的防冻措施，对不同产品允许有所区别。

7 采暖热水炉工作时会出现正常排水和事故排水，为了防止排水对室内地板和家具等物品的损害，规定炉体安装场所的地面最低点应设地漏。

4.4.5 为保证开式采暖炉采暖系统的全部充水和安全运行，其水箱一般设置于采暖系统的最高处，其连接管（膨胀管）上严禁设置阀门（现行国家标准《建筑给水排水设计规范》GB 50015

的规定)。

4.4.6 为了保证室内舒适温度又不浪费能源,根据国外经验,提出该项规定。温控器一般具备定温和定时功能。

4.5 电　　气

4.5.1 本条对交流电源、插头及插座和接地作出规定。

1 使用交流电的燃具铭牌上规定的电压(220V)、频率(50Hz)和功率应与供电参数吻合,否则燃具无法运行。

2 电源插头、插座应匹配并符合相关标准的规定,连接插座电源线时必须注意电源的极性,面对插座时应为"左零、右火和上地"的方式。

3 使用交流电的Ⅰ类器具接地时应符合现行行业标准《民用建筑电气设计规范》JGJ 16等标准规定的接地要求。《民用建筑电气设计规范》JGJ 16规定,除另有规定外,电子设备接地电阻不宜大于4Ω。电子设备接地宜与防雷接地系统共用接地网,接地电阻不应大于1Ω。

现行国家标准《家用和类似用途电器的安全　第1部分:通用要求》GB 4706.1规定,Ⅰ类器具(要求附加安全措施)必须接地;Ⅱ类器具(有双重或加强绝缘),Ⅲ类器具(依靠安全特低电压)可不接地。不具备接地条件的住宅应安装Ⅱ、Ⅲ类器具。

4.5.2 电源线的截面积不得小于产品说明书规定的截面积,一般为$3\times0.75mm^2$。

4.5.3 燃具电源插座应固定并独立专用为等同采用现行国家标准《电热水器安装规范》GB 20429的规定。电源插座与灶具和热水器的最小水平净距参照现行国家标准《城镇燃气设计规范》GB 50028的规定确定。

4.5.4 卫生间内的密闭式热水器在运行过程中可能出现的喷水现象会对电气设备产生危害,为防止安全事故,故提出了对电气设备的防水要求,如选带防溅盒的插座和带玻璃密封罩的照明灯，以及采用其他防水溅的措施等。

4.6 室内给排气设备

4.6.1 规定安装燃具的室内可以采用四种自然换气装置及技术参数，以确保室内卫生环境。Ⅱ型排烟罩集烟效果好，Ⅰ型稍差，故排气量有不同要求。

4.6.2 规定安装燃具的室内可采用四种机械换气装置及技术参数，以确保室内卫生环境。

4.6.3 规定Ⅰ型和Ⅱ型排烟罩的结构尺寸和安装高度，Ⅰ型排烟罩尺寸小，Ⅱ型排烟罩尺寸大，故排烟效果不同。Ⅱ型排烟罩宽应达到火源外 $H/2$ 以上的地方（H——排烟罩安装高度，指灶面或排烟口至排烟罩底面之间的尺寸高度），烟罩主体下部应有 50mm 以上的垂直部分，集气部分应有对水平面 10°以上的夹角。

4.6.4 规定室内换气用百叶窗的种类及相关技术参数。

4.6.5 规定室内门窗间隙作为给气口时面积的计算方法。

4.6.6 规定室内装有排气扇等机械换气设备时，室内给气口的大小和位置不受限定，因机械排气室内呈微负压，故不会缺氧。

4.6.7 规定室内直排式燃具热负荷与排气风量的对应关系，以及对排气扇的风压要求等。

4.6.8 规定住宅排气道应用技术条件。

1 吸油烟机风量（300～500）m^3/h 为现行国家标准《住宅设计规范》GB 50096 和国家建筑标准设计图集《住宅排气道（一）》07J916－1 的规定。

不同排烟罩下允许的燃具热负荷为 1995 年日本《燃气燃烧器具安装规程》的规定。吸油烟机低档(弱)使用时的风量一般为（300～500）m^3/h，允许的燃具热负荷可按风量除以 $30m^3/(kW·h)$ 或 $20m^3/(kW·h)$；风量为 $300m^3/h$ 时，其燃具热负荷最大值为 10kW 或 15kW；风量为 $500m^3/h$ 时，其燃具热负荷最大值为 17kW 或 25kW。

安装燃具房间环境空气中因燃具运行故障和烟道倒烟等问题引起的 CO 含量不得超过 0.02% 和 CO_2 含量不得超过 2.5%，为欧洲《燃气热水器》EN 26 和《按照燃烧产物排放方法进行燃气用具分类的欧洲方案》PD CR 1749 的规定。本规程第 C.0.2 条（共用烟道）作了相同的规定。现行国家标准《城镇燃气设计规范》GB 50028 规定有毒燃气（人工煤气）加臭量时，要求当人工煤气泄漏，环境空气中 CO 含量达到 0.02%（体积分数）时，应能察觉。

4.6.9 规定排气管和给排气管应符合国家现行标准《燃烧器具用不锈钢排气管》CJ/T 198 和《燃烧器具用不锈钢给排气管》CJ/T 199 等标准的规定，一般与燃具同时供应。

1 规定排气管和给排气管应直接与大气相通，可设置在墙壁或屋顶上。

2 规定给排气管的同轴管和强制排气的排气管水平穿过外墙排放时（即在屋顶下排放），为防止雨水流入室内燃具，故应坡向外墙并向下倾斜，其安装尺寸为通用做法；规定给排气管分体管应在 0.5m 范围内安装，以确保平衡给排气。规定自然排气的水平排气管应坡向燃具，防止冷凝水外流；燃具应有防倒烟装置，并应在屋顶之上的非正压区设风帽，以防止倒烟。

3 规定冷凝式强制排气燃具排气管的安装坡度，确保冷凝水往回流（流向燃具）；以及冷凝式燃具同轴给排气管的两种安装方式（可任选其一）。

　　1）室内部分坡向燃具，以使冷凝水流向燃具；室外部分坡向室外，以防止雨水进入。室内外两部分之间有一个夹角。

　　2）同轴管内外管固定焊接前，使内管坡向燃具，外管坡向室外，以便冷凝水流向燃具，并能防止雨水进入。

4 规定燃具的排气管和给排气管应有良好的气密性，以防止烟气泄漏室内。接口处的搭接长度不小于 30mm 是保证气密性的良好措施，等同采用现行国家标准《家用燃气快速热水器》

GB 6932规定。

5 规定穿墙孔的间隙要填充和密封,以防烟气或雨水等流入室内。

4.6.10 规定穿建筑物外墙的燃具烟道终端排气口距门窗洞口及地面的最小净距,以防外排烟气重新进入室内,以及雨雪对排烟口的影响。

燃具水平烟道终端排气口设在烟气不易扩散的部位(建筑物拐角或上部有遮挡处)时,烟气易进入门窗洞口造成二次污染。

一、国外标准对半密闭强制排气式燃具和密闭式燃具穿墙水平排烟的规定

1 日本《燃气燃烧器具安装规程》的规定

排烟口与周围建筑物开口的距离应符合规定,根据烟气吹出方向的不同,其距离为(150~600)mm;在上述规定距离的建筑物墙面投影范围内,不应有烟气可能流入的开口部位,但距排烟口距离大于600mm的部位除外。

2 英国《烟道的安装与维修规范》BS 5440-1:2008的规定

英国单层住宅烟道终端安装要求见表1。

表1 烟道终端排气出口距门窗洞口的最小净距 (mm)

排气出口位置	燃具热输入 Q (kW)(低热值)	密闭式燃具		半密闭式燃具	
		自然排气	强制排气	自然排气	强制排气
门窗洞口下方	0<Q≤7	300	300	不允许	300
	7<Q≤14	600			
	14<Q≤32	1500			
	32<Q≤70	2000			
门窗洞口上方	0<Q≤7	300	300	不允许	300
	7<Q≤14	300			
	14<Q≤32	300			
	32<Q≤70	600			

续表1

排气出口位置	燃具热输入 Q（kW）（低热值）	密闭式燃具		半密闭式燃具	
		自然排气	强制排气	自然排气	强制排气
门窗洞口侧方	0＜Q≤7	300	300	不允许	300
	7＜Q≤14	300			
	14＜Q≤32	600			
	32＜Q≤70	600			

3 美国《燃气规范》AISI 223.1—2006 的规定

美国单层住宅烟道终端安装要求如下：

1) 机械排烟系统的终端，应设在 10ft（3.1m）范围内任何强制送气入口上方至少 3ft（0.9m）之处。

2) 非密闭式燃具机械排烟系统的终端，应设在任何门、可打开窗或任何建筑物的自流空气入口下方至少 4ft（1.2m），水平方向至少 4ft（1.2m）或者上方 1ft（0.3m）之处。烟道终端的底部应位于至少高出地面 12in（0.3m）之处。

3) 热负荷等于或小于 10000Btu/hr（3kW）的密闭式燃具的烟道终端，应位于据建筑物的任何空气开口至少 6in（0.15m）；而热负荷大于 10000Btu/hr（3kW）但不大于 50000Btu/hr（14.7kW）的燃具应以 9in（0.23m）烟道终端间距安装；热负荷大于 50000Btu/hr（14.7kW）的燃具应以至少 12in（0.3m）烟道终端间距安装；烟道终端和空气入口的底部应位于至少高出地面 12in（0.3m）之处。

二、我国住宅燃具的排烟情况

1 我国灶具和热水器等燃具的烟管多数通过穿墙水平排放。

2 我国住宅多数为多层或高层，多数燃具烟管高位安装在本层门窗洞口上方，即安装在上层住宅门窗洞口的下面了，故对上一层住宅的门窗洞口会有烟气进入的问题产生。对居住房间

（卧室和起居室）参照英、美标准进行了严格的安全间距规定（1.2～1.5）m，这与英、美单层住宅不同。

3 关于燃具排烟出口各国规定并不一致。国内调查得知，在凹形、L形住宅拐角处的厨房，当吸油烟机穿过外墙水平排气时，排气口距起居室 2.5m 和卧室 5m 处，其窗户开启时仍有油烟进入室内，味道较浓，说明外排烟气能否进入室内，光靠安全间距是不行的，与影响烟气安全扩散的建筑形状以及室外空气能否向四面流通有直接关系。

4 我国燃具多数安装在厨房或与厨房相连的阳台内，属于非居住间，一般在居住房间的一侧，故其规定的最小净距能够做到。

4.6.11 半密闭自然排气式燃具点火初期因系统在冷态下烟道无抽力，故会有烟气倒流从防逆风罩处溢出；给气口用于供给燃具助燃用的空气，换气口用于排除燃具启动时可能倒回室内的烟气。

4.6.12 规定半密闭自然排气式燃具的烟道安装时要充分考虑净风压对排烟的影响，即烟道出口一定要高出屋顶 0.6m 并避开正压区，否则烟道将产生倒烟和窜烟。

规定半密闭自然排气式燃具排气筒的结构、尺寸和计算方法，适用于排气筒总长 $L<8m$ 的排气筒，仅适用于（1～3）层的低层建筑。

4.6.13 规定半密闭自然排气式燃具排气筒风帽与屋顶、屋檐和周围建筑间的相互位置，主要目的为烟道出口避开或高出正压区，防止烟道倒烟，并考虑积雪的影响等。

4.6.14 规定低层和多层住宅设置独立烟道的技术条件，为国内外相关标准规定的通用技术条件。

4.6.15 规定高层住宅设置主、支并列型共用烟道的技术条件。

1 共用烟道的结构形式和支烟道高度以及主、支烟道横截面积，等同英国《烟道的安装与维修规范》BS 5440－1 和我国相关标准的规定。

2 支烟道烟气导向装置一般为 45°～90°并向上吹出，等同国内外相关标准的规定。

3 正压排烟的强制排气式燃具排入时可能会出现倒烟，故不得排入。

4.6.16 燃具停用时支烟道进口处的静压值小于零（具有一定的抽力和真空度）是保证共用烟道不倒烟的安全技术条件。

4.6.17 规定半密闭自然排气式燃具的烟道抽力必须大于烟道阻力。要保持 3Pa 或 10Pa 的抽力和真空度（负压）。半密闭自然排气式燃具工作时，在防倒风排气罩出口处或排烟出口（无排气罩时），测量烟道抽力（真空度），并符合规定要求。3Pa 为住宅小型热水器用烟道抽力，10Pa 为住宅大型热水器用烟道的抽力。

4.6.18 规定烟囱抽力和出口横截面的计算，为国内外的通用公式，计算中采用的相关技术参数为经验数值。

4.6.19 固体燃料（煤）设备停用时存在明火，故不得与燃具共同用一个烟道，以防止燃气泄漏着火或爆炸。

4.6.20 规定共用给排气烟道适应的燃具类型。规定密闭式燃具共用给排气烟道的结构和性能，等同英国《烟道的安装与维修规范》BS 5440—1 规定。

下端不连通的正压分离式同轴烟道燃具排气出口设止回排气阀的目的是防止倒烟，确保正常燃烧。

强制给排气式燃具不应与其他燃具背对背安装的目的是防止强制给排气燃具对另一台燃具给排气造成影响，解决的方法是两台燃具的给排气口错开安装，使其不在一个高度上。

同轴型烟道横截面积，并列型共用给排气烟道的横截面积可通过试验确定，或参照同轴型烟道确定。

5 规定建筑物内所有采暖炉加上 33％快速热水器（1/3 顶部楼层的热水器）运行情况下，检查 U 形和倒 T 形烟道的工作性能。进入最高（顶层）燃具的燃烧用空气中不得含大于 1.5％（体积）的 CO_2。其目的是为了防止顶层燃具缺氧运行。

4.6.21 规定密闭式燃具与共用给排气烟道的连接要求。

1 给排气口接反后燃具不能正常使用，产生不完全燃烧。
2 接口不密封会产生漏气和漏烟。
3 使用液化石油气的燃具发生燃气泄漏后在共用给排气烟道不易扩散，为防止事故，故不得安装。

4.6.22 规定冷凝式燃具烟道系统的技术条件，目的为防止酸性冷凝液对烟道系统及排水系统的腐蚀。等同英国《烟道的安装与维修规范》BS 5440-1 规定。

4.6.23 烟道的排气能力受海拔高度的影响，当海拔高度大于500m时，设计烟道时要考虑海拔高度影响因素的修正，可参照附录B的规定进行修正；只有增大烟道的直径或高度，方可达到海平面额定热负荷的排气能力；如不修正（不增大烟道的直径或高度），烟道的排气能力将降低。以上规定等同美国《燃气规范》ANSI Z 223.1 的规定。

4.7 平衡式隔室

4.7.1 规定平衡式隔室的适用范围。参照英国《烟道的安装与维修规范》BS 5440-1 和日本《燃气燃烧器具安装规程》编制。

4.7.2 规定平衡式隔室给排气的设计要求，等同英国《烟道的安装与维修规范》BS 5440-1 规定。

4.7.3 规定平衡式隔室自闭门的建造要求，等同英国《烟道的安装与维修规范》BS 5440-1 规定。

4.7.4 规定平衡式隔室内的烟道管、空气管和热水管均应进行保温，以防止烟道管和空气管结露，并防止热水管降温，从而达到安全运行和节能的目的。设备的保温措施为国内外通用做法。等同英国《烟道的安装与维修规范》BS 5440-1 规定。

4.7.5 规定平衡式隔室给排气口防污染和防火的安全间距。以确保使用安全。

4.8 安全防火

4.8.1 规定常用燃具与可燃材料、难燃材料装修的建筑部位的最小防火安全间距,其他燃具可参照执行。

1 不燃烧体、难燃烧体和燃烧体[《建筑设计防火规范》GBJ 16-87(1997年版)]

1) 不燃烧体

用不燃材料做成的构件。不燃材料系指在空气中受到火烧或高温作用时不起火、不微燃、不碳化的材料。如混凝土、砖、瓦、石棉板、钢、铝、铜、玻璃、砂浆及灰泥等。

2) 难燃烧体

用难燃材料做成的构件或用可燃材料做成而用不燃材料做保护层的构件。难燃材料系指在空气中受到火烧或高温作用时难起火、难微燃、难碳化,当火源移走后燃烧或微燃立即停止的材料。如沥青混凝土,经过防火处理的木材,用有机物填充的混凝土、水泥刨花板、薄石膏板、难燃纤维板、难燃塑料板等。

3) 燃烧体

用可燃材料做成的建筑物构件。可燃材料系指在空气中受到火烧或高温作用时立即起火或微燃,且火源移走后仍继续燃烧或微燃的材料。如木材等。

建筑物构件的燃烧性能和耐火极限详见 GBJ 16-87(1997年版)或相关现行标准。

2 建筑材料燃烧性能分类、级别和名称

1) 不燃类材料:A 级,不燃材料,性能符合规定。
2) 可燃类材料:B 级,性能符合规定。
   ①B1,难燃材料;
   ②B2,可燃材料;
   ③B3,易燃材料。

3 塑料材料在氧氮混合气中进行有焰燃烧所需要的最低氧浓度(体积分数),即氧指数。

1) 易燃材料:<22%;
2) 可燃材料:22%~27%;

3）难燃材料：>27%（阻燃塑料）。

4 燃具属于明火器具，烟道有较高的温度，所以安装时要有一定的防火间距。

5 安装燃具的部位应尽量是混凝土、砖、砂浆、石棉板、铝、钢等不燃材料，属于可燃材料时，应设防热板。

6 安装燃具的部位是可燃材料时，应以不燃材料的防热板进行装修。木材的着火温度一般在260℃左右，但在200℃下木材也会产生热分解而达到着火温度（一般叫作低温着火温度），这个温度限一般在100℃左右。

7 安装防火间距的相关规定。

1）防火间距的确定原则为：室温35℃时，燃具周围的木壁表面不大于100℃。

2）燃具外壳不包括各突出部分，如把手、电池盒、接头等。

3）防热板的限制原则，在室温35℃时，其表面温度不应大于100℃，应用石棉板、钢板制造。

①燃具安装防热板时，由于燃具是明火燃烧，所以防热板距墙仍有一段距离，这可提高防热性能，在安装时其间距应大于10mm。

②燃具安装防热板时，防热板应高出灶具面板，不应使燃具堵塞防热板下部空间。

③热水器等燃具火焰在燃具内，燃具表面温度较低，所以防热板可以与墙靠近安装，在室温35℃时，墙壁面温度也不应超过100℃。

④防热板的尺寸应保证充分覆盖燃具，即应大于燃具在墙壁面的投影尺寸。

隔热板的固定螺钉，应装在稍远离烟气的地方。

4.8.2 规定家用燃气灶具与吸油烟机除油装置及其他部位的防火安全距离。

4.8.3 规定排气筒、排气管、给排气管与可燃材料、难燃材料的建筑物的安全间距。

4.8.4 规定烟道风帽排气出口与可燃材料、难燃材料装修的建筑物防火安全间距。

5 质量验收

5.0.1 检查燃气类别和灶前供气压力,以及供水压力。

5.0.2 检查燃气管路的严密性,主要检查灶前阀门至燃具阀。

5.0.3 燃气和冷热水管道均指与燃具连接的分支管道,故管道的严密性应符合现行标准《城镇燃气室内工程施工与质量验收规范》CJJ 94 和《建筑给水排水及采暖工程施工质量验收规范》GB 50242 的规定。

5.0.4 检查供水管路的严密性,主要检查自来水阀、燃具冷水进口阀至燃具热水出口阀,以及采暖热水炉供回水系统的严密性。

5.0.5 燃具点火运行检查,主要检查燃烧工况和各种阀的开关灵活性,以及安全、调节和控制装置的可靠性。

5.0.6 检查本规程规定的项目及性能按表 5.0.7 和表 5.0.8 检查。检查完毕合格后张贴合格标识。

5.0.7 基本条件检验,规定了燃具对燃气、电气、烟气和安全监控等方面检验的基本要求。

5.0.8 燃具安装检验,规定了燃具安装检验的项目及要求。

附录 A 燃具选型原则

A.0.2 灶具主火热负荷 $Q=(3.5\sim4.0)\mathrm{kW}$，烹调采用锅直径 $D=30\mathrm{cm}$ 的锅进行炒菜和蒸煮时，其灶具的热效率一般能达到 $\eta=50\%$（嵌入式灶）或 $\eta=55\%$（台式灶）。采用其他直径锅时，锅底热强度每增加 $1\mathrm{W/cm^2}$，热效率变化值为 -2.4% 为经验值。热效率值要进行折算，以提醒人们的节能意识。

A.0.3 家用燃气灶具的热效率是按平底锅的锅底热强度为 $5.5\mathrm{W/cm^2}$ 规定值进行检测的，条件改变后要按本规程表 A.0.1 查出其对应的热效率。

A.0.5 快速式热水器出水率 $V=(4\sim6)\mathrm{L/min}$ 可用于洗涤，$V=(8\sim10)\mathrm{L/min}$ 可用于淋浴，$V=12\mathrm{L/min}$ 可用于盆浴为国内外经验值。

A.0.6 容积式热水器贮水量 50L（淋浴）、100L（盆浴）以及贮热时间 30min；上述规定完全符合现行国家标准《建筑给水排水设计规范》GB 50015 规定的沐浴用耗水定额的规定。

A.0.7 普通住宅一户设多个卫生间时宜按一个卫生间计算生活热水耗热量为等同现行国家标准《建筑给水排水设计规范》GB 50015 的规定。

A.0.8 规定采暖热水炉的热负荷可按生活或采暖耗热量中较大值采用，一般生活耗热量大。采暖耗热量应根据住宅的朝向、楼层、间歇或连续供暖等因素通过计算确定。

A.0.9 现行行业标准《节水型生活用水器具》CJ 164—2002 规定：节水型淋浴器和节水型水嘴的最大流量均不应大于 0.15L/s（9L/min）。现行国家标准《住宅建筑规范》GB 50368—2005 规定：卫生器具和配件应采用节水型产品；套内分户用水点的给水压力不应小于 0.05MPa，入户管的给水压力不应大于 0.35MPa。

附录 B 不同海拔高度 H 及低压燃具额定压力 P_n

燃具结构不变情况下，海拔高度 $H=500m$ 时，燃具热负荷降低系数 $k=0.98$；$H=1000m$ 时，$k=0.95$；$H=2000m$ 时，$k=0.91$；$H=3000m$ 时，$k=0.86$；采用区域调压站和楼栋调压箱调高用户灶前压力的办法确保燃具的额定热负荷，比燃具结构尺寸进行调整要方便可行，故海拔高度在 500m 以上的地区均应调整提高用户的灶前压力。欧洲、美国等国有关标准均规定可用提高压力的办法来保持燃具的热负荷恒定。